FEIYI GUANGXI

“非遗广西”丛书编委会

主　任　利来友

副主任　张艺兵　黄品良　许晓明

成　员　王春锋　韦鸿学　刘迪才　石立民

卢培钊　陈　明　黄　俭

非遗广西

广西壮族自治区党委宣传部
当代文学艺术创作工程扶持项目

广西米粉

舌尖上的缠绵

林叶新　龚政　著

广西人民出版社

图书在版编目（CIP）数据

广西米粉：舌尖上的缠绵 / 林叶新，龚政著．—南宁：广西人民出版社，2022.6
（非遗广西）
ISBN 978-7-219-11371-4

Ⅰ．①广… Ⅱ．①林… ②龚… Ⅲ．①大米—饮食—文化—广西 Ⅳ．① TS971.202.67

中国版本图书馆 CIP 数据核字（2022）第 063348 号

出 版 人 韦鸿学　　责任编辑 徐蓉晖
出版统筹 郭玉婷　　美术编辑 李彦媛
设计统筹 姚明聚　　责任校对 周月华　文　慧
印制统筹 罗梦来　　责任印制 张战鹰
音像出品 韦志江　　音像监制 滕耀胜
音像统筹 陆春泉　　音像编辑 陆春泉

出　　版 广西人民出版社
广西南宁市桂春路 6 号　邮政编码　530021
发行电话 0771-5523338　5507887
印　　装 广西壮族自治区地质印刷厂
开　　本 880 mm × 1230 mm　1/32
印　　张 5.25
字　　数 110 千字
版次印次 2022 年 6 月第 1 版　2022 年 6 月第 1 次印刷
书　　号 ISBN 978-7-219-11371-4
定　　价 28.00 元

如发现印装质量问题，影响阅读，请与出版社发行部门联系调换。

前言

文化是民族的血脉，是人民的精神家园。习近平总书记强调，“中华民族在几千年历史中创造和延续的中华优秀传统文化，是中华民族的根和魂”。党的十八大以来，以习近平同志为核心的党中央高度重视中华优秀传统文化保护传承工作。中共中央办公厅、国务院办公厅 2017 年 1 月印发的《关于实施中华优秀传统文化传承发展工程的意见》强调，实施中华优秀传统文化传承发展工程，是建设社会主义文化强国的重大战略任务，对于传承中华文脉、全面提升人民群众文化素养、维护国家文化安全、增强国家文化软实力、推进国家治理体系和治理能力现代化，具有重要意义。非物质文化遗产是中华优秀传统文化的重要组成部分，是中华文明绵延传承的生动见证，是联结民族情感、维系国家统一的重要基础。保护好、传承好、利用好非物质文化遗产，对于延续历史文脉、坚定文化自信、推动文明交流互鉴、建设社会主义文化强国具有重要意义。

2017 年 4 月，习近平总书记视察广西，来到合浦汉代文化博物馆，指出这里有着深厚的文化底蕴，要让文物说话，让历史说话，让文化说话，要加强文物保护和利用，加强历

史研究和传承。2021 年 4 月，恰逢“壮族三月三”活动期间，习近平总书记再次亲临广西视察，专程到广西民族博物馆观看壮族织锦技艺、壮族天琴艺术等非物质文化遗产项目的展示展演并给予高度肯定。2021 年 6 月，习近平总书记在给老艺术家黄婉秋的回信中说，你主演的电影《刘三姐》家喻户晓，让无数观众领略到了“刘三姐歌谣”文化的魅力。总书记同时指出，深入生活，扎根人民，把各民族共同创造的中华文化传承好、发展好，是新时代文艺工作者的光荣使命。习近平总书记的重要指示，为我们做好广西文化遗产保护传承工作提供了根本遵循。

广西地处祖国南疆，是一个多民族聚居的地区，有壮、汉等 12 个世居民族。长期以来，各民族交往交流交融，和睦相处，团结奋斗，在八桂大地共同创造了光辉灿烂的历史和文化。广西各民族在适应自然，创造历史，与自然和历史对话过程中创造出多姿多彩、丰富厚重，具有极高历史价值、文学价值、艺术价值和科学价值的民族文化，为我们留下了宝贵的非物质文化遗产。这些遗产，一方面是各民族在广西这片亚热带土地辛勤耕耘的见证，另一方面也反映了广西各民族之间交往交流交融、共建壮美家园的历史，有力佐证了我们 56 个民族是命运与共的中华民族共同体。

广西非物质文化遗产以其多元化的形态体现着各民族的聪明智慧和非凡的创造力，是传承各民族文化根脉的宝贵资源财富，是激励各民族团结奋进、锐意进取的不竭动力和源泉，对继承和弘扬中华优秀传统文化，推动社会主义文化大发展大繁荣具有重要意义。为保护各民族共同创造的非物质文化遗产，广西采取积极有效措施，加强非物质文化遗产的保护与传承。截至2022年6月，广西共有70项国家级非物质文化遗产代表性项目，先后有49名传承人被认定为国家级非物质文化遗产代表性传承人；共有914项自治区级非物质文化遗产代表性项目，先后有936名传承人被认定为自治区级非物质文化遗产代表性传承人。

2021年8月，中共中央办公厅、国务院办公厅印发《关于进一步加强非物质文化遗产保护工作的意见》，要求加强非物质文化遗产相关出版工作，加大非物质文化遗产传播普及力度，出版非物质文化遗产通识教育读本。为认真贯彻落实习近平总书记关于文化遗产保护的系列重要指示精神和中办、国办有关文件精神，深入实施中华优秀传统文化传承发展工程，保护、传承非物质文化遗产，广西壮族自治区党委宣传部组织广西出版传媒集团旗下7家出版单位编纂出版了广西非物质文化遗产普及读物——“非遗广西”丛书，并将其列入广西当代文学艺术创作工程三年规划（2022—2024年）给予扶持。“非遗广西”丛书共20种，每种均附音频、视频等数字出版内容，通过融合出版方式增强丛书的通俗性、可读性、趣味性，全方位展示广西丰富多彩的非物质文化遗产。这对于加强广西非物质文化遗产保护、传承和开发利用，提升广西优秀传统文化影响力和传播力，建设新时代中国特色社会主义壮美广西，铸牢中华民族共同体意识具有重要意义。

目录 MULU

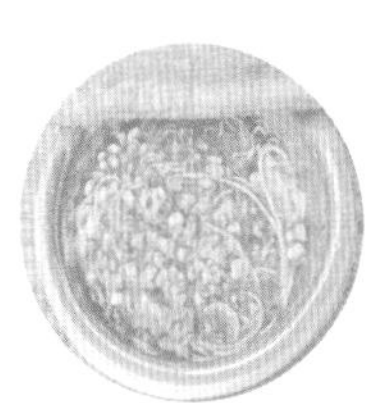

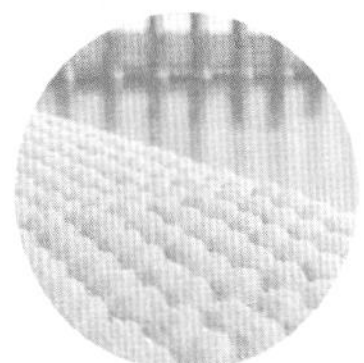

特殊造型　匠心坚守

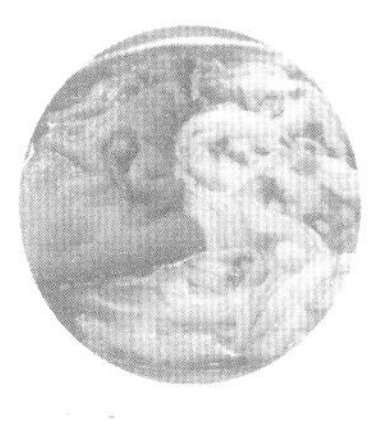

浇头为主　粉做配角

附录

心之挂念 桂粉飘香

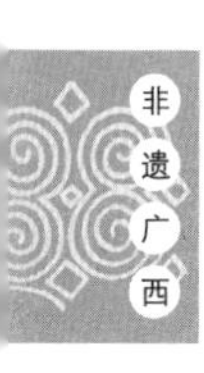

“那”样精彩：历史悠久的广西稻作文化

在我国的古代典籍《山海经·海内经》中，有这样一段话：“西南黑水之间，有都广之野，后稷葬焉。爰有膏菽、膏稻、膏黍、膏稷，百谷自生，冬夏播琴。”这是中国人对于稻谷的早期记载。

2012 年，中国科学院国家基因研究中心的韩斌课题组，在世界上最权威的科学杂志之一《自然》上发表了题为《水稻全基因组遗传变异图谱的构建及驯化起源》的论文，他们通过基因组重测序和序列变异的技术，将 400 多份普通野生水稻与现有的栽培稻基因组数据进行比对，最终得出结论：分布于中国广西的普通野生稻与栽培稻的亲缘关系是最近的，表明广西很可能是野生稻最初的驯化地点。这个野生稻的标本就是取自广西南宁市隆安县。2018 年，广西文物保护与考古研究所联合国内外权威实验室测定，鉴定出在隆安县娅怀洞遗址出土的稻属植硅体年代距今约 1.6 万年，把人类利用野生稻的历史又向前推进了 4000 年。这是迄今为止出土的最古老的稻类存遗。隆安县除了发现有着古老的稻谷，还被证实是大石铲之乡，稻作历史悠久，当地有数十个大石铲祭祀遗址，其中一个是迄今为止考古发现中最大的大石铲祭祀遗址，更是世界“那”文化圈中大石铲祭祀遗址最密集的地区，出土有距今4500年左右的大石铲。在新石器时代，人们掌握的农业生产经验比较少，只能靠天吃饭，对于自然界抱着一种崇敬的态度，为此总会通过各种祭祀的方式祈求风调雨顺、粮食丰收、子孙繁盛、部族兴旺。大石铲作为当时农业生产的重要工具，也就成为较为重要的祭祀品，但是用于祭祀的大石铲通常都不能用来劳作。这些石铲没有开过刃、硕大而扁薄，且所用材质是较为易碎的石头，大小悬殊、造型各异，刃部也没有使用过的痕迹，出土的时候多是按一定组合形式排放的。

楔形双肩大石铲

这些考古发掘和科学研究表明，广西南宁市隆安县不但存在着古老的野生稻品种，同时又有人类早期农业生产工具石铲的使用痕迹，让考古工作者更加确信几千年前的广西已经孕育出了稻作文化。

稻子，这种神奇的禾本科植物，经过壮族先民骆越人的驯化栽培，穿越漫长的历史时空，如今，已成为全世界最主要的食物。在这片土地上生存发展的壮族先民，以土地作为载体，种植水稻，以稻作维系生存，创造出独特丰富的稻作文化，又叫作“那”文化。所谓的“那”是壮语的音译词，最初的意思是“田”和“峒”，后来泛指农田和土地。“那”是壮族人民赖以为生的物质基础，所以他们把“那”视为最宝贵的财富，尤其是适合耕种的水稻田。他们据“那”而作，

依“那”而居，“那”文化早已渗透到了壮族人民生活的方方面面，衍生出与土地、耕作相关的多姿多彩的“那”民俗风情。他们甚至以田论人、用田取名、为田设神。几千年的稻作文化传承，深深地影响着壮族人的生产方式、生活习俗、社交礼仪、饮食文化。

“那”文化雕刻出了广西壮美的山水画卷。水稻的种植需要土地和水源，缺一不可。广西的地貌由山地、丘陵、台地、平原、石山、水面六大类构成，居住在山区的壮族人民为了能生存下去，便开始开山造田，将水稻田层层修筑于高山之上，梯田这一特殊的田地形式便是这样产生的。广西很多地方都有这样的梯田，其中以龙胜梯田最为出名。连绵起伏的山群之间，层层叠叠的水稻梯田直到山顶，仿佛是遗落人间

广西南宁市武鸣区陆斡镇的香米产业示范区

的天梯，整个画面磅礴壮观、气势雄浑，线条行云流水、潇洒流畅，是世界梯田景观之冠。

“那”文化缔造出了广西丰富的民风民俗。广西有非常多节日以农耕或者祈求丰收为主题，比如隆安稻神节、天峨蚂𧊅节、龙胜开耕节等。每到节日，当地的壮族人民都会聚集在一起，热热闹闹地举行仪式。每年的农历六月初六，是广西隆安县庆祝稻神节的日子，壮语称之为“芒那节”。这个节日已经有上千年的历史，是当地“那”文化的重要内容之一，整个活动分为求雨、祭农具、招稻魂、驱田鬼、请稻神、稻神巡游六个内容，主要是为了祈求五谷丰登、六畜兴旺。每年的农历正月初一至农历二月初二期间，在红水河流域的南丹、天峨、东兰的很多壮族村落都会庆祝蚂𧊅节。壮族人民把青蛙称为蚂𧊅。传说里青蛙是雷公的使者，它既能预报天气，还能消灭虫害，可以保证稻作的丰收，仿佛有神力一般，所以壮族先民崇拜蚂𧊅、祭祀蚂𧊅，每到蚂𧊅节就会举行找蚂𧊅、祭蚂𧊅、孝蚂𧊅和葬蚂𧊅等活动，以祈求年年风调雨顺、岁岁五谷丰登、四季人畜兴旺。

各民族在不同的历史时期进入广西后，向壮族先民学习稻作技术，于是“那”不为壮族所独有，而是成为广西稻作文化的象征和广西稻作文化的独特标识，更成为民族团结进步的重要标志。

“那”文化衍生出了广西多彩的米食习惯。悠久的稻作历史为广西各地带来了各式各样的米。稻米主要由两大类组成，分别是大米和糯米。大米又分为籼米和粳米，糯米又分为籼糯米和粳糯米。籼米，米粒形状为细长形，米色较白，透明度比其他种类差一些，做成米饭口感有些硬；粳米，米粒形状为椭圆形，短而宽厚，做成米饭口感糯而有黏性。由于收获季节不同，籼米和粳米又有早稻米、晚稻米之分，之后随着农业技术的发展，还出现了杂交水稻。无论是大米还是糯米都有白色、红色和黑色的。这些米在广西各民族人民的演绎下变成了一道道美味的食物，如糯米饭、粽子、糍粑、艾叶粑粑、米糕、粉饺、米粉等等。每一种食物都各具风味和特色，每一种食物又进一步衍生出更多的品类和花样。比如：糯米饭，有每年“壮族三月三”期间必吃的五色糯米饭，也有扣肉糯米饭、香肠糯米饭、糯米鸡、竹筒糯米饭等；粽子，有横州大粽、钦州猪脚粽、凉粽、灰米粽等；米糕，有柳州云片糕、宁明沙糕、芋头米糕、萝卜米糕、红白发糕等。在众多米制食物中，以米粉的品种最多，数不胜数，在广西每个城市都有三五种独具当地特色的米粉。全国范围内没有哪个地方能像广西这样把米粉做到极致，从盛名在外的桂林米粉、柳州螺蛳粉、南宁老友粉，到小众的、只有当地人才找得到的簸箕粉、石磨米粉、烧肠粉等等，应有尽有。

那山、那水、那田，“那”，滋养着一代又一代的广西人，给广西留下了多姿多彩的风土人情，赋予了广西绵延不断的生命力。一颗颗金黄的稻谷，承载着一个民族的成长经历，记录着人类文明前行的脚步，并将和我们一起走向未来。

这般好味：包罗万象的广西米粉

人间烟火，食客寻味。人们每到一地，都会按图索骥，以求以最快速的方式直击当地的代表饮食。比如：到了兰州，必须来一碗牛肉面；到了成都，那就是一顿火锅；到了广东，喝上一场早茶。那么，到了广西，大多数人的首选是什么呢？无他，唯有米粉。《舌尖上的中国》总导演陈晓卿说："广西美食最大的特点就是多样，每走 20 公里就有新的惊喜。"这个惊喜放到广西米粉上，就是广西的米粉种类"百花齐放、百家争鸣"。在芸芸众"粉"之中，有大家耳熟能详的桂林米粉、柳州螺蛳粉、南宁老友粉、生榨米粉、牛腩粉……任何一个外地人来到广西，总能找到一款适合他口味的米粉。如果要用一个词来形容广西米粉，那就是包罗万象。

在广西这个"米粉大省（区）"，你随便走入一个广西的城市、圩镇，就会看到大街小巷里开满了不计其数、各式各样的米粉店。对于广西人来说，"宁可三日无米，不可一日无粉"，他们可以餐餐吃米粉，还可以换着花样吃，如果每餐只选一种广西米粉吃，可以一个月都不重样，而且怎么吃都不会腻。你要和广西人聊起米粉，任何人都能侃侃而谈。在他们眼里，米粉是广西人的味蕾，更是广西人的骄傲。2021 年，

扫码看视频

高凳当桌，矮凳作椅，广西人的一天从早餐的一碗米粉开始

桂林米粉和柳州螺蛳粉的制作技艺列入国家级非物质文化遗产代表性项目名录。另外，桂林马肉粉、南宁老友粉、南宁生榨米粉、武鸣生榨米粉、贡川榨粉、宾阳酸粉、全州红油米粉、长安滤粉、中渡干切粉、罗秀米粉、京南米粉和横县[1]畣僧簸箕粉等12种米粉的制作技艺先后列入自治区级非物质文化遗产代表性项目名录。这也反映出米粉在广西的地位。

1 2021年，撤销横县，设立横州市。

广西米粉的形态千变万化。有圆有扁、有粗有细、有长有短，有些甚至看起来像虫子，而且还分有鲜湿和干的两大类。人们常见的米粉以圆形长条的为主，但是有粗细和干湿之分，口感也有差异。比如桂林米粉用的米粉就属于中等粗细的鲜湿型圆线形米粉，口感爽滑有韧劲，而生榨米粉属于相对细一点的粉，味道带有发酵的酸味，但是软糯、弹牙，有一定的韧性。玉林大碌米粉则属于鲜湿型圆线形米粉中最粗的一种，有筷子般粗细，韧性相对差一点，不耐煮，泡久容易断，当地人形容它的口感是“柔软、滑溜”。从它的名字我们就可以知道，“碌”在玉林话里面有“粗大”之意，发音与当地方言“福禄”中的“禄”相同，为此在玉林当地大年初一以及各种喜庆日子，人们都必吃这种米粉。这种米粉制作得越长越好，寓意着福禄绵延。柳州螺蛳粉中的米粉属于干的圆线形米粉复原后制成的，这种米粉比鲜湿米粉细一些，韧性、弹牙性更好，久煮不易烂。米粉常见的第二种类型就是扁粉，也有的地方称为切粉，方条状外形，有点像北方的刀削面。扁粉相对圆粉来说，更易煮熟、煮软。扁粉也有宽窄之分。窄的，比如干粉类的京南米粉、罗秀米粉，宽度只有 2 毫米左右。烹制老友粉的鲜湿型扁粉，宽度为 1 厘米或者 0.5 厘米。宾阳酸粉的粉，可以说是粉皮也可以说是宽粉，宽度为 3 厘米左右。在广西，还有些米粉的形态就比较奇特了，比如：大家熟知的卷筒粉，形态长长的、胖乎乎的，一层层卷起，里面包裹着各式馅料；南宁粉虫，形似虫草，口感软糯弹牙；槐花粉则形似蝌蚪，吃起来口感比较绵软，入

淋上黄皮酱、撒上花生碎的卷筒粉裹着满满的馅料

嘴易碎；南宁粉利，通常是圆柱形或是扁椭圆形的，食用前需要切片或者切细条再烹制。

正是因为广西米粉的形态各不相同，广西米粉的成形方法也是各有特色。圆形长条状的米粉，是用最广为人知的带有孔洞的器皿压榨出来的，扁粉则是将粉皮用刀切成的。除此之外，广西的米粉的成形还可以用搓、漏、平铺蒸的方式。比如：粉虫、粉利都是通过揉搓的方式制作出来的；长安滤粉、槐花粉，是将调好的米浆，置于底部带有多个圆形孔洞的容器，让其靠重力下落至沸水中成形的；宾阳酸粉、横县馞僧簸箕粉、卷筒粉等，都是将米浆平铺于簸箕或者圆盘中，再进行蒸制。

广西米粉的烹制方法五花八门、吃法不胜枚举。可蒸、可煮、可炒、可烫、可焖，可以制成汤粉、干捞粉、炒粉或凉拌粉等，甚至同一种米粉也可以有多种姿态。比如：老友粉、螺蛳粉，可以煮成汤粉，也可以做炒粉和干捞粉；桂林米粉，可以做成原汤粉、卤菜粉（干捞粉的一种）；京南米粉、罗秀米粉和中渡干切粉这类的干粉，复原成鲜湿米粉以后，食客可以依据自己的喜好，随意烹制。

由于广西米粉烹制方法的多样，广西米粉的口味也是丰富多彩。口味囊括酸、甜、咸、鲜、辣，有口味重的米粉，也有较清淡的米粉。常见的米粉都是以咸鲜为主，但是广西的米粉偏偏有一些“不走寻常路”，不少米粉中带着明显的甜味或者酸味。比如：槐花粉，其实是广西南宁当地的一种甜品，蝌蚪状的黄色槐花米粉泡在红糖水里，冰镇过后，特别适合

甜口的槐花粉是盛夏的解暑利器

在夏天用来解暑；宾阳酸粉，就是以“酸甜”为特色，闻着就让人流口水，吃起来则开胃又解乏；生榨米粉，则带着浓郁的自然发酵的味道，吃起来虽然还是以咸鲜的口味为主，但是会带着微微的酸味。有些米粉口味相对比较厚重，重油、重盐、重辣，比如柳州螺蛳粉和全州红油米粉，米粉汤水漂着满满的红油，辣味十足、油料满满、咸鲜突出，看着就让人食欲大振。有些米粉则相对清淡，更讲究突出食材的本味。比如玉林生料米粉，配菜都是选用新鲜的猪肉、猪杂、鱼片等，一碗一碗地烹制，先用高汤将食材烹制熟后，再加入米粉稍煮一会儿，就可以出锅了。热腾腾的米粉飘出阵阵肉和鱼的鲜香，汤为乳白色，吃起来鲜而不腻，淡而不寡。崇左鸡肉粉，米粉中搭配的汤为鸡汤，汤色透亮清澈，吃的时候，经常会挤上一些小青柠汁，或者加上酸笋、酸菜和辣椒酱等，口感清甜，带着鸡肉的鲜味。

当然，广西米粉还有一大特点就是兼容性极强。一碗米粉，兼容并包，可以搭配的食材多如牛毛。从天上飞的、地上跑的到水里游的，应有尽有，有新鲜现煮的，也有提前烹制好直接加入的。新鲜的配菜包括猪肉、猪杂、牛肉、牛杂、鱼肉、海鲜等，熟制的配菜有牛腩、牛巴、烧鸭、鸡肉、腊肠、锅烧、肉丸等。而且搭配的食材十分足量，常常是碗里堆着满满的各式配菜，把米粉全部掩埋。很多广西人在吃柳州螺蛳粉的时候，除了固定的配菜，常常还会加鸭脚、油豆腐、腊肠等，此时的米粉已经不再是主角，感觉更像在吃“螺蛳菜”。广西靠海的优势也在米粉配菜的选择上体现了出来。

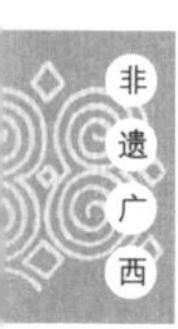

搭配烧鸭的米粉别有一番风味

北海海鲜粉，一碗粉容纳了整片海，简单的海鲜粉，会配上虾、鱼片和鱿鱼，丰富的可以根据食客喜好自行选择，加入海螺、贝、海参、鲍鱼等等，粉端上来，更像是一顿“海鲜大餐”，味道鲜美可口，连汤带粉带料一碗下肚，让人心满意足。另外，在海边生活的京族人民，以干米粉做主料，虾米、海螺做配料烹制出京族米粉，多以炒粉为主，成为当地人和游客必食的一种京族风味小食。

花样繁多、口味多变，广西的米粉发展出这样的特色，与其浓厚的稻作文化和自身的地理位置分不开。

制作米粉的原料，鲜湿米粉通常选用的是早籼米，当地人多称为早稻米，以陈放了一年以上的最佳，有些甚至要选择陈放了三年的大米，较少使用新收的晚籼米或者粳米，这个选择最重要的考量来自对不同品种的特性的把握。早籼米米质疏松，腹白大，粉质多，耐压性差，加工时易产生碎米，而且含的直链淀粉比较多，蛋白质和脂肪的含量比晚籼米和粳米都低，吃起来比较硬，没有糯性，一般都会用来作战略储备米，或者是加工成其他的米食制品。这里要特别提醒的就是，新的早籼米是不适合直接用来做米粉的，加工出来的米粉容易回生变硬，尤其是做干米粉时比较明显。而陈放了一定时间的早籼米，经过大米自身的呼吸作用，会让米内的蛋白质和脂肪的总量降低，被蛋白质、脂肪束缚和包裹的淀粉颗粒，得到最大限度的释放，这就利于淀粉糊化时形成优良的网格结构，即发挥较好的凝胶特性，赋予米粉良好的韧性和黏性，而且不易断条。不过，为了增加米粉的米香味和糯性，在米粉的实际加工生产中，米粉生产企业和技艺人通常会将陈米和新米（粳米）混合在一起，制作出更符合人们口味的米粉。

除稻作文化影响外，地理位置也对广西米粉产生重要影响。广西地处中国华南地区，东接广东省，西傍云南省，南临北部湾与海南省隔海相望，东北靠湖南省，西北贴着贵州省。这些地方，饮食文化特点都不一样，而且互相之间的口味千差万别。广东是粤菜的发源地，饮食风味特点是清、鲜、爽、嫩、滑，不喜辣，口味较为清淡，菜肴追求呈现食材的本味；云南的滇菜，地方风味浓郁且民族特色鲜明，辣味适中，佐料讲究，味型多样，讲究鲜嫩；湖南的湘菜，特色是油重色浓，口味多变，注重香辣、香鲜、软嫩，辣味较为突出，口味偏重；贵州的菜肴特色是辣、酸、鲜、野；南边靠

海，与海南菜的风格有很多相似之处，喜用新鲜海鲜加工成菜肴和小吃，不喜辣，口味清淡，追求原汁原味。

随着周边各地的生活习俗、饮食习惯文化的渗透，与广西当地的文化不断地交融，广西东西南北不同地区呈现出了各不相同的饮食风貌，像粤菜，像湘菜，也像滇菜和贵州菜。有专家总结道：广西菜的特色是北辣南鲜、西酸东甜。但真要细细分析起来，似乎又不那么简单。比如酸，整个广西无处不食酸。在北面的桂林、柳州，当地人就很喜欢吃酸笋，柳州更是有酸鱼、酸肉；南面的天等有一个非常出名的农作物，就是辣椒，当地人很喜欢吃辣椒。所以想用一两句话解释清楚广西的饮食到底是什么风味并不容易。不难发现，广西的每个城市，它们的饮食特色都不太一样，但是又有很多相似相通的地方。

多重因素的叠加影响、相互交融，最终让广西形成了多样的饮食文化特色，赋予了广西米粉口味繁多、制作方式百变、吃法丰富的特点。加上广西当地气候宜人，水土优质，盛产非常多的农副产品，不少还都是地理标志性产品，这些食材进一步丰富了米粉的配菜，增加了米粉的样式，不断地催生广西人创造了越来越多的米粉新做法、新吃法和新业态。

米粉在广西普及得这么广，这么受欢迎，种类这么多，有人不禁会问米粉是不是起源于广西呢？目前没有明确的史料或者文物可以证明米粉究竟起源于中国的哪里。但是关于线条状米粉的记载，最早出现在书籍《齐民要术·饼法》中，里面提道，将调好的米糊，通过用带有小孔的牛角或者有小孔的竹筒，让其自然漏入热水中熟制。书中还记载了另外一种米饼的制法，近似现代的扁粉和卷筒粉的制作工艺，做法是将米浆置于铜盘中，放在开水上方蒸熟，捞出，放凉加入肉汤一起食用，在汉代称之为“臛浇豚皮饼”，即今天的“肉汤扁粉”。以此推断，米粉最晚约起源于北魏时期，距今至少有2500年的历史，甚至可能更早。因为，权威研究证实，在广西隆安县发现的野生水稻迄今约有1.6万年历史，世界上的水稻很可能就源于中国的广西，而小麦在中国的历史仅有5000年，和水稻差了近1.1万年，可见中国的米食文化历史应该早于小麦食物的历史。所以，是否如民间流传的，米粉是通过北方面条改良得来的，很难有定论，也有可能早在面条之前，中国的岭南地区就已经盛行食用各种形态的米粉，为此米粉才会在广西得以绵延不断地流传下去。

在八桂大地上世代居住的各民族同胞们，团结融合、携手共进，创造出广西独具特色的风物和美食。米粉，就是这其中极其闪亮的一颗“星”。广西米粉，是生于斯长于斯的人们创意的结晶，它不仅见证民族情谊的共通，还以一种对各种调味品和食材的包容姿态糅合成广西各民族人民共同的“一家之味”。石榴花开又一年，民族团结一家亲，小小的米粉，与广西的民族文化一起，在传承、创新和发展的道路上齐头奋进。

对于每一个广西人来说，米粉，是自幼就植下的味、一辈子相随的“胃”，是身处异乡的遥想，此物解乡愁；对于每一个来广西的人来说，米粉，是寻味广西的必吃美食、玩转广西的味觉钥匙，越吃越上头。

万种风情汇广西，一碗米粉轻王侯。

三大翘楚
名声远扬

桂林米粉：卤水为魂　回味甘香

在泱泱稻作之地，提起米粉这一稻谷衍生品，“桂林米粉”总会占据一席之地。这一享誉全国的广西符号——“桂林米粉”不只代表着美食，还有淡淡乡愁、烟雨山水、青砖古镇等等内容丰富其中，可以说是壮美广西的小小缩影。

在广西的米粉中，桂林米粉以四个特点当之无愧登上头把交椅。这四个特点让其他米粉望之莫及。其一，它是全国最有名的米粉之一；其二，它是全国范围里最有文化内涵的米粉之一；其三，它是广西历史最悠久的米粉；其四，它是最早走出广西香遍全国的米粉。

在广西，研究桂林米粉历史、文化和制作技艺的人很多，全国范围内以它为主题而写的文章不计其数，甚至围绕“桂林米粉”为主题出版的书籍都已经有多本，到底是怎样的魅力，让这么多人对它如此关注？

2010 年，桂林米粉制作技艺就先后列入桂林市级和自治区级非物质文化遗产代表性项目名录；2015 年，桂林米粉卤水制作技艺列入桂林第四批市级非物质文化遗产代表性项目名录；2018 年，桂林马肉米粉制作技艺先后列入桂林市级和自治区级非物质文化遗产代表性项目名录，同年，崇善米粉制作技艺列入桂林市级非物质文化遗产扩展项目名录；2020年，桂林老四样米粉制作技艺列入桂林第六批市级非物质文化遗产扩展项目名录。经过 11 年的时间，桂林米粉制作技艺在 2021 年列入国家级非物质文化遗产代表性项目名录，保护单位是桂林市戏剧创作研究院（桂林市非物质文化遗产保护传承中心）。

桂林米粉的历史和起源，版本非常多，大多与秦始皇有关。其中最广为流传的版本是，2200 多年前，秦王嬴政为了一统天下，派出五十万大军进攻百越，并且在桂林以北的地方修筑灵渠。当时的百越地处山区，交通运输不便利，粮食无法正常供应，而大军里大部分又是北方人，天生喜食面食，吃不惯当地的米食。于是伙夫就依据北方面食的制作方法进行改良，先把大米泡胀，再磨成米浆，滤干后，揉成粉团，再把粉团蒸到半生熟，放入臼中用杵反复舂打，再压制成粉条，最后放到开水锅里煮熟，这就是桂林米粉的雏形。至于桂林米粉最重要的调味因子卤水，也是因为当时这些北方来的将士不适应桂林当地的气候，经常闹肚子，秦军郎中就用当地的中草药，煎制成防疫药汤，让将士服用，解决水土不服的问题。由于战事紧张，为了节省吃饭的时间，士兵们经常是拿着药汤就着米粉吃，这个药汤也正是桂林米粉卤水的雏形。这些都是民间赋予桂林米粉的一些传奇色彩，缺乏明确定论，与粮食加工史有相悖之处。

按照现存的《灵川县志》里关于米粉的记录，可以推测出在明代以前，桂林当地就有吃米粉的习俗。其中《灵川县

扫码看视频

历史悠久的桂林米粉

地名志》中“灵田乡”的“米粉店村”条目就有记载：“公元1341年间，秦姓人从小水村迁此定居，设一小店，经营米粉，久之发展为村庄，故名米粉店。”可见，米粉在桂林盛行的时间，必定早于元顺帝至正年间。《灵川古今地名纪录》还记载有米粉店村“位于灵川县城甘棠渡东南15公里灵田镇力水行政村南侧，居民24户116人，元至正年间（1341—1368）从力水村迁徙设一小店，经营米粉，从而发展成村，故名”。这个桂林灵川县“米粉店村”的历史记载和当地的文物是迄今为止能找到的最早记录桂林米粉生产、经营状况的资料。据此，可以判断，米粉在元代就已经是桂林当地居民日常生活中必不可少的米食制品，而且成了一种市场化的食品。在清宣统年间，桂林就出现了一家名震全城的米粉店，名叫“轩茶斋”。这家店的米粉最有滋味的是“炒片”。所谓“炒片”就是把新鲜的牛肉铺在竹罩上焙干，再放到锅内用水焖，焖好后切片再炒。这样既保留了牛肉鲜甜的本味，又令其松软、有嚼头，加上焖“炒片”的卤水咸中带甜，这就使“轩茶斋”的米粉具有自己的特色。另外还有一家名噪一时的米粉店，叫“会仙斋”。它的米粉有一个非常有特色的说法，叫“碗底见白”。就是说每碗米粉卤水的分量正好能拌完米粉，一滴不剩。“会仙斋”把功夫下在卤水上。它的卤水，加入罗汉果做调料，别有滋味，吃过之后，余味生津，耐人回味。

所谓一方水土养一方人，现在想要吃到正宗的桂林米粉还是得到桂林这个城市去。吃过正宗桂林米粉的人一定会告诉你，桂林米粉这个小吃一旦离开了桂林就变了味道，无论是米粉本身的质感，还是汤的味道、卤水的味道，完全和在当地吃的相差甚远。当你到了桂林这个城市，你会发现城市里开得最多的小吃店，就是桂林米粉店。同一条街上百来米内甚至开了三四家桂林米粉店，至于怎么选择就凭个人喜好了。因为桂林米粉的好坏，看的是卤水，而店家们熬制卤水都各有自己的秘方和绝招，每个人对于味道的喜好又不一样，想选老一点的传统小店，就往小巷子里走，哪家人最多就吃哪家；如果想吃品牌店的，那就往大街去，那里有“明桂米粉”“崇善米粉”“又益轩马肉米粉”等供你选择。明桂米粉店的卤水制作技艺在 2015 年列入市级非物质文化遗产代表性项目名录；又益轩米粉店以经营马肉粉和卤菜粉为主，是现存的历史悠久的米粉店，1932 年就开始经营至今。

大多数外地人对于桂林米粉的认知，就是一碗加了锅烧的汤粉，要不就是一碗卤菜粉，甚至一些桂林的年轻人对于桂林米粉的理解也是如此。老一辈的桂林人则认为，外地人所说的“桂林米粉”都不准确，应该称作“桂林卤菜粉”。其实桂林米粉远比大家认知中的更具内涵，它对米粉的加工制作、汤的熬制、卤水的烹制、配菜的搭配和制作等都是非常讲究的，而且从它开始成为大众喜爱的美食，就已经发展出很多品类了。

传统的桂林米粉主要是经典的老四样——卤菜粉、原汤粉、马肉粉和牛腊（牛腩，桂林方言“腊”发音同“踹”）粉，经过技艺人的不断改良和调整，延伸出了三鲜汤粉、酸辣汤粉、斋粉和炒粉。这些因烹饪方式不同而生发出各种味道的

粉各具特色和风味。但是，万变不离其宗，它们都是以圆形的鲜湿米粉为主料（也有用鲜湿切粉的，但是桂林当地人比较认可圆形米粉），利用煮、拌等方式，加上特制的卤汁（部分米粉不加，如马肉粉、原汤粉），再辅以不同的配料形成的。

卤水是桂林米粉味道的主角、核心灵魂，熬制卤水所用的香料以丁香、花椒、八角、桂皮、小茴香、陈皮、甘草等中草药为核心，根据不同米粉技艺人的喜好再增加、调整其他的香料，重新配比后就成为自家独特的香料包。卤水的制作工艺流程基本为四大步骤——熬汤底、炒制香料、熬制卤水、调味。传统卤水制作还会多增加一步，即在调味前先进行自然发酵。首先，熬制骨头汤。将猪筒骨和牛骨切好并洗干净，放入滚烫的沸水中，加入姜块等，大火煮 10 分钟，再将其取出，加入清水后再放入煮沸，接着调至文火熬制 5 小时，最后将骨头过滤留汤备用。接着，炒制香料。往锅内放油，当油温烧至五成熟时，依次往锅中加入各类香料并用小火煸炒，然后取出香料并用纱布包成香料包。有些技艺人对于炒制香料这步会有不一样的做法，他们会依据香料的不同特性，运用不同的温度炒制甚至油炸香料，而不是一锅直接炒。随后，将香料包放入骨头汤中文火熬制 2 小时以上。最后一步，调整卤水的味道。用煸炒香料剩余的油，加入豆腐乳后用小火翻炒，再加入食盐、冰糖和酱油等，小火煮沸，倒入骨头汤调匀。

与其他米粉相比，在很多制作桂林米粉的老师傅眼里，桂林米粉中的米粉，同它的卤水一样，也是举足轻重的。好的米粉应该是用桂林当地产的大米和漓江水制作出来的，口感滑而不黏、韧而不硬、绵而不糜。而且经过传统技艺制作出来的米粉是有生命的，一定要趁新鲜食用，才能保证桂林米粉属于上乘的。很多老师傅会认为，用刚制作出来 2 小时内的米粉烹制桂林米粉品质最佳。遗憾的是现在市面上经常吃到的桂林米粉中的米粉，基本都是由工厂加工生产出来的，这让美味打了折扣，因为工厂加工的米粉为了追求高效、量产，没有经过发酵，韧性远不如以前传统制作工艺加工出来的米粉。而传统工艺制作出来的优质米粉，具有较强的吸附能力，老师傅们常形容米粉上有“密密麻麻的孔洞”。在顾客食用卤菜粉的过程中，它能将卤水尽量吸收到粉条里，让米的原香和卤水的咸鲜充分融合在一起，吃起来鲜香可口。一碗米粉吃完，碗底近乎是干净的，不剩一滴卤水。

桂林手工现榨的米粉，需经过选米、泡米、磨浆、脱水、发酵、揣团、蒸坯、揉搓、挤压成形、冷却等工序方能完成。选米就尤为关键，无论是米的种类还是搭配的比例都很讲究，通常需要将陈米（存放 3 年的早籼米）、新的早籼米和晚籼米这三种米混合在一起使用，陈米主要是增加米粉的黏性，早籼米赋予米粉韧性，晚籼米带来米油和米香味，缺一不可。把米用冷水浸泡至软，再洗去大米表面黏液，碾磨成浆，经过吊（压）脱去水分，然后将浆粉揣成米粉团。接着，让粉团放入坛子中进行发酵，至少 24 小时，取出后反复揉揣至表面光滑。将粉团蒸至表面成型，成为半生熟的粉团，粉团有 1/3 是完全蒸熟的，中心还是生的。随后，将粉团冲打揉成团，

现代做法就是放入和面机中进行搅打（传统工艺则需要把粉团放入到臼中反复捶打），取出揉成团。将其放入米粉榨机中压榨成条状再落入沸水锅中，生的米粉会浮于水的表面，煮制约 10 分钟，待米粉沉到水里面，就表示完全熟了，捞出来后迅速用流动冷水降温。最后一步，团粉，将放在冷水中一根根洁白透亮的米粉绕成一份份的团子，便于用餐时按份数烫热。据桂林米粉制作技艺自治区级代表性传承人梁志强介绍，以前制作米粉，需要检验米粉品质的优劣，通常老师傅会将一根长长的米粉拿在手里甩 8 圈，米粉不断，表明米粉韧劲够足，才是合格的米粉。

洁白透亮的米粉绕成一份份的团子

好的米粉质量是桂林米粉品质的先决条件，但是烫制米粉的过程决定了最终的米粉口感，当地人把煮粉称之为“冒粉”，因为桂林米粉的粉本来就是熟粉，不适合在水里烹制过久。煮粉的时候水温要控制在80摄氏度左右，不能是沸腾的水，米粉在热水里浸泡约20秒，最多不能超过30秒，立刻取出并沥干，放入碗中，加入配菜和卤水。

桂林米粉经典老四样之卤菜粉，是桂林米粉里最经典、最传统的米粉，也是流传得最广的品类，是桂林米粉的主要代表。平时大家在外地吃到的桂林米粉多为卤菜粉，所听到的“担子米粉”“冒热米粉”“凉拌米粉”也都是属于卤菜粉。所谓的“担子米粉”是城市近郊的农户在农闲时用担子挑着卤菜粉游街或者在固定某一地方出售的米粉。在米粉业内，卤菜粉最为突出的一种粉被称为“七星拱月”。这个“七星”，是由七种不同口味和质地的肉组成的，分别是酥脆的金黄锅烧（外地人也叫脆皮），韧劲十足的酱黄卤牛肉，软糯的褐色卤牛肝、卤黏贴（牛脾），脆韧适口的卤牛肚、卤猪嘴和清香软嫩的烤灌肠，再辅以香酥的黄豆和灵魂卤水，与米粉混合在一起，形成了绝妙的口感，闻着沁人心脾，吃着口齿醇香，一碗下肚，仍感觉各种滋味还在嘴里余绕，让人从此“牵肠挂肚”。实际上，这七种肉从选材、制作方法，到最后的切制刀工都很讲究，而且需要耗费较多的时间和精力，所以很多米粉店都只选择做其中几样，因此很多人买到的卤菜粉配的肉都不会这么丰富。通常比较正统的店都会加入锅烧和卤牛肉，有些还会再配上叉烧。若想要吃到“七星拱月”只能到

桂林当地。至于卤菜粉怎么吃才好吃，也是有门道的。米粉和汤水要分开吃，在不添加任何汤水的情况下，先吃干拌粉，吃到米粉只剩下 20% 的时候再往碗里加入骨头汤，将汤水与米粉一同吃完，汤水不但能润喉，还能解除前面干吃米粉带来的油腻感。另外，正宗的桂林米粉是不加花生的，只加油炸过的脆黄豆，因为花生味道太重会影响米粉的味道。标准的配菜除上面提及的肉和油炸黄豆外，还会加一点葱花，其他什么都不加了。对于老桂林人来说，他们还会加拍颗老蒜及朝天椒配着吃，不会加任何的酸料，除非吃酸辣粉。他们觉得这样才是地道的吃法。至于酸豆角、酸笋、酸萝卜、酸辣椒等，现在很多店家都是放在配料台上给顾客们按照喜好自行添加。

在桂林米粉的吃法中，有一种只有老一辈的桂林人才知道的吃法：原汤粉。这个粉里面的汤并不是大家理解的用骨头熬出来的汤，这个汤实际上是制作米粉过程中煮制米粉的水，在米粉业内被老师傅们称为“团子水”（因为制作米粉粉条时，是将揉好的粉团放入榨机里压榨成细线状，再落入沸水锅中煮熟的，所以把煮米粉的水称为团子水）。用团子水作为基础汤来烹制各种新鲜的食材，调好味后再加入冒好的桂林米粉一同食用，桂林人将这称之为原汤粉，以汤鲜粉热，肉香突出，营养丰富，米粉爽滑、细嫩有韧性为特色。最初的原汤粉源自清朝，当时在现在的桂林西门桥至南门桥间有一家回族人开的米粉店就用牛百叶、牛领头（又称牛肚领）、牛腱子肉、牛脊髓、牛黄喉、牛四两肉（胸尖肉，一头牛只

老桂林人才懂的原汤粉

取出四两，故称牛四两肉）等脆嫩爽口的食材作为配料，用团子水烹制而成的原汤粉深受食客们的赞许。

桂林米粉中的马肉粉，是历史上有名的米粉，民间甚至有“不吃马肉粉，不知天下美味”的说法。其他的桂林米粉都是按两卖的，盛粉的碗比较大，但是马肉粉都是用如茶盏大的小碗盛的。更有说法是每碗只有一根米粉在里面，一口就能吃完。马肉粉最初也是一种担子米粉，在民国时期兴起，主要是摊主挑担沿街售卖。在以前物资运输、购买不那么便利的时期，马肉粉的经营也是有时限的，只在每年的农历十月到次年农历三月售卖，所以马肉粉的价格自然相对贵些。

那时候吃马肉粉的很多食客都是普通人家，想吃，手头又没有这么宽裕，摊主索性分成一小碗一小碗地卖，食客可以根据自己的经济能力决定买多买少，总之，钱再少，也能试上几碗。这个习俗也随之延续下来，在很多传统桂林马肉粉店里还保留着这样的盛粉方式。这种米粉的烫制方式和其他米粉不同，不是在清水中烫的，而是直接在马骨头汤中烫。烫好后随着勺一捞，米粉带着汤汁一起入碗，再加上几片薄薄的玫瑰红的腊马肉，一两条淡黄色的腊马板肠（马的大肠），洒上一些青蒜末、香菜末、油炸花生和芝麻油。在乳白色的马骨汤衬托下，这碗色彩分明，带着肉的腊香味、汤的鲜香

用小碗盛装的马肉粉

味和油脂香味的米粉，看着就让人流口水。这个马骨头汤的制作也是有门道的，不能用新鲜的马骨头，因为烹制不当，做出来的汤会酸，所以通常采用腊马骨配牛骨，熬出的鲜汤才能呈乳白色。至于腊马肉，制作的时间非常短，只能在冬至前后约一星期，挑一个阳光充足、北风大的日子，将腌渍了一周的马肉及骨头取出挂晒三五天，风干无水分后，挂到阴凉通风的地方，让其继续风干透彻，呈现乌黑状即可。食用时要先将腊马肉洗干净，再用花生油炸制，随后上锅蒸透，切成薄片，得到的马肉才会呈现玫瑰红色，吃起来更脆香。时至今日，现在的马肉粉中的肉也比以前丰富得多了，不但有腊马肉和腊马板肠，还有卤马肉、卤马肝、卤马肺、新鲜马肉、马血灌肠等供顾客选择，且随着现代人生活节奏的加快，经济水平的提高，小碗的马肉粉也演变成了大碗的马肉粉，但风味依旧，让人吃了回味无穷。

牛腊粉即牛腩粉，“牛腊”是源自桂林方言，当时主要是回族群众经营的米粉店在出售这种粉。牛腊粉以汤粉为主，在冒好的米粉上加入炖好的牛腩、卤水、骨头汤、食用油、香麻油、配菜等辅料即可。桂林米粉里牛腩的制作，与广西其他地区，比如钦州、玉林等地的牛腩做法有些不一样。其他地方的做法通常就是将牛腩和香料一起加入骨头汤中进行炖制，而桂林的做法则将牛腩与牛大骨和黄豆一起炖制，所以味道更为醇厚、鲜香。所谓牛腩，是指带有筋、肉、油花的肉块，即牛腹部及靠近牛肋骨处的松软肌肉。牛腩又可细分为坑腩、爽腩、腩底、腩角等。爽腩位于牛肚皮的腩位，

融鲜、香、筋道为一体的牛腊粉

即牛的横膈膜附近，通常被称为绷纱腩或蝴蝶腩。爽腩的面积比较小，一头牛身上就只有四五斤，肉质薄软有胶质。腩底，是连着坑腩接近牛皮下的一块肉，吃起来比较有嚼劲。现在很多米粉店没有这么讲究，只要是牛腩肉都会买回来混合加工使用。制作牛腊粉，一般选用黄牛的坑腩和腩角，比例为 1 ∶ 2。因为坑腩来自牛胸前的牛仔骨、肋排或旁边牛肋条部位的肉，这些部位的肉的牛味最浓，用它可以很好地增鲜增香；腩角是在爽腩和坑腩中间的一块肉，分量极少，四面都有软胶质，吃起来非常爽脆，所以当地人又称它为响皮腩。经典的牛腊粉端上来，映入眼帘的就是带着棕红色和灰白色相间的肉，满当当地漂在汤面上，翠绿色的葱花和零星的黄豆、油辣椒无一不更加映衬出牛腩主料的地位。捞起米粉，一口“嗦”下去，汤水混合着卤水味道，瞬间在舌头上绽放，融鲜、香、筋道于一体。

随着时代的发展，工业科技的不断进步，现在已经有不少企业研发出来袋装桂林米粉，并且深受广大消费者喜爱。包装里的米粉也从原来的干米粉，经过技术革新换成了真空保鲜的鲜湿米粉，让桂林米粉的原始风味尽可能保真。据了解，现在桂林生产、销售米粉的企业及个体工商户超过 6000 家，生产加工企业超过百家，预包装米粉企业 30 余家，其中 5 家企业拥有鲜湿米粉保鲜技术，全行业年总产值近 100 亿元。

桂林米粉在桂林人心中是小城情怀的归属，是由口及心的浓浓乡情，是千年山水美景加持的人文印记，是文人墨客尝过不忘、笔下感怀的美食。在一碗碗热气腾腾的桂林米粉中，我们仿佛能依靠这一口回味无穷的香气连接现世与过往，从而给自己注满活力，最后在心满意足中放下碗筷，继续荡漾往漓江烟雨深处而去……

柳州螺蛳粉：未见螺影　但闻螺香

2021年4月26日下午，在广西柳州视察调研的习近平总书记，来到螺蛳粉生产集聚区了解特色产业发展情况，寄语道："小米粉大产业，民营企业敢于闯，在螺蛳粉方面闯得通。我们鼓励民营企业发展，党和国家在民营企业遇到困难的时候给予支持、遇到困惑的时候给予指导，就是希望民营企业放心大胆发展。"习近平总书记的寄语，为广西柳州螺蛳粉产业的大力发展，给予了极大的精神鼓舞，也使得柳州螺蛳粉再一次成为人们关注的焦点。

当唐宋八大家之一的"柳河东"柳宗元被贬至柳州做刺史并写下"岭树重遮千里目，江流曲似九回肠"这两句旷世绝句的时候，他绝不会想到，千年之后的柳州会因为一碗"闻着臭，吃着香"的螺蛳粉一跃而红。2012年，柳州螺蛳粉登上央视纪录片《舌尖上的中国》。自此，在酸笋和螺蛳"加持"下的柳州螺蛳粉一举成名天下知，开始在顶级网红美食的道路上一路狂奔：《走遍中国》等很多知名美食和娱乐节目纷纷策划"螺蛳粉专场"，甚至很多的影视剧里都有关于吃螺蛳粉的桥段。螺蛳粉的曝光度激增，现在已经是全国米粉界的"顶流网红"，一旦这碗带着满满红油、丰富配料和特色香味的螺蛳粉出现，泾渭分明的味觉站队只会分为爱它或“恨”它，没有中间派。

更神奇的是，尽管各自站队的两边为螺蛳粉的味道吵得“水火不容”“剑拔弩张”，但是在螺蛳粉的“网红美食”界顶流地位的问题上，他们出奇地达成了一致共识：螺蛳粉不仅是中国的，更是世界的美食。在新的媒体传播技术和传播手段的扩张中，柳州螺蛳粉也完成了从一个街头食品向中国饮食文化代表转变的华丽转身。

虽然柳州螺蛳粉仅有 40 年左右的历史，却是全国米粉界中发展最快最迅猛的米粉。2014 年，第一家预包装螺蛳粉生产企业获得食品生产许可证，柳州螺蛳粉开始走上了产业化的道路；2015 年，柳州市出台《柳州螺蛳粉地方标准》《预包装柳州螺蛳粉地方标准》；2018 年 8 月，“柳州螺蛳粉”获得了国家地理标志商标；2021 年，柳州螺蛳粉制作技艺凭借着家族或师徒制的传承以及生产性活态传承的优势，列入国家级非物质文化遗产代表性项目名录，保护单位是柳州市群众艺术馆。

螺蛳粉发源于柳州，并不是没有原因的，因为柳州人吃螺的习惯已经有上万年之久。在 20 世纪 50 年代，我国考古学者就在柳州白莲洞、大龙潭鲤鱼嘴等遗址发现了大量的螺蛳壳堆积物。其中，在白莲洞遗址中就出土有很多鲤鱼、道氏珠蚌、青鱼、双棱田螺、乌螺、大蜗牛以及陆龟等生物化石，与大量的螺壳堆积物一同出土的还有敲砸器、骨针等器物、陶片，足以证明，早在 2 万多年前，柳州先民不仅狩猎、

扫码看视频

全国米粉界的“顶流网红”螺蛳粉

捕鱼，还懂得了采集、加工和食用螺蛳。而白莲洞人也是迄今华南地区发现的最早的食螺人群。也正是有着这样的历史积淀，才成就了“一碗螺蛳粉，一座柳州城”的独具特色的螺文化。

说到螺蛳粉的起源，就一定要提到柳州柳南区谷埠街。谷埠街始建于明朝末年，因地濒柳江河，附近四乡所产谷物、豆类等多集中在谷埠出售，之后逐步形成了谷物交易的埠头，故称谷埠街。百年来，它一直是柳州河南片最繁华的街区之一。20 世纪五六十年代，谷埠街西闸巷、东一巷、东二巷即有不少从事煮螺、炒螺生意的摊点。到了 20 世纪 70 年代末 80 年代初，民间商贸开始复苏，谷埠街菜市成为柳州市内生螺批发的最大集散地，加上当时附近工人电影院的生意十分火爆，吸引来当地大量的人流，谷埠街夜市也就应运而生。夜市中最受欢迎的就是螺蛳摊和粉摊，一些精明的夜市老板便开始同时卖起螺蛳和米粉。那时，人们的生活水平远不如今天，更没有太多丰富美味的食物，肚里的油水也不多，所以电影散场后，饥肠辘辘的食客们，经常要求摊主在自己点的米粉里加入几勺油水或是一些煮螺蛳的汤，一同享用，这便慢慢形成了螺蛳粉的雏形。后来，商家对螺蛳粉配料和制作工艺不断改良完善，螺蛳粉逐步成型，在 20 世纪 80 年代迅速发展，达到第一个繁荣期，从谷埠街开到了解放南路、青云菜市，甚至在各街头巷尾都能找到各式各样的螺蛳粉店，螺蛳粉也就成为柳州最寻常、最接地气的日常食物，其原创招牌小吃的地位最终被确定下来。到现在，柳州螺蛳粉摊比较集中的地方主要在鱼峰路螺蛳巷（巷名叫牛奶巷，只是卖螺蛳粉的多，被当地人称为螺蛳巷）、荣军路口、西环路口。

在柳州民间，有着这么一句话："不食螺蛳粉，枉为柳州人。"

在柳州，通常也会把"吃粉"叫成"嗦粉"，因为一般要吃到螺蛳里面的肉，需要用力吸，用当地的话来说就是"嗦"，所以他们觉得这个"嗦"比"吃"更能体现出"螺蛳粉"的特色，也更能体现出螺蛳粉的爽、舒畅、美味。这个说法也让很多外地人误以为螺蛳粉应该有很多的螺蛳可以"嗦"。但是在老柳州人心中，正宗螺蛳粉是既没有螺蛳也没有螺蛳肉的，米粉应该是以圆条形干粉为主，在煮之前需要浸泡，煮熟的米粉软滑爽口。螺蛳粉中伴随着的螺蛳鲜香，全部来自那口布满红油的热汤。螺蛳汤是由螺肉（或带壳螺蛳）、猪骨、鸡架、沙姜（山柰）、八角、肉桂、丁香、多种辣椒等天然香料秘方熬制而成。熬汤的螺蛳最好选用石螺，这种螺外壳比较坚硬，身尖而小，体形略长，但肉比较少，一般喜欢生活在山间小溪等水源洁净的地方，所以自身不会带很重的泥腥味。而我们平时熟知的田螺，个头比较大，肉厚实肥美，泥腥味偏重，壳比石螺薄脆，一般炒制食用，较少用于制作螺蛳汤。汤熬好后，螺蛳的精华都浓缩入汤里了，吃的时候喝汤就好，很少吃螺。吃米粉的时候必须配上腌制过的带着纯正发酵味道且酸度和脆度合适的酸笋、酸豆角。很多人认为的螺蛳粉里面的"臭"味就是来自酸笋，但是优质的酸笋，

应该香而不臭、闻之流涎、食之开胃。同时配上木耳、花生、油炸腐竹、黄花菜、鲜嫩青菜，尤其是黄花菜，在老柳州人的记忆里是螺蛳粉的标配，现在很多年轻人是不知道的。青菜通常是空心菜或菜心，如果粉里放的是生菜、油麦菜等，会让当地人大失所望，因为叶子太多的蔬菜较容易吸油吸辣，且在热汤里面泡太久又容易软烂，吃起来口感不够爽脆。当地人吃粉的时候，喜欢菜多粉少，最喜欢加鸭脚和豆腐泡。这两种配菜，不但不会破坏掉米粉原本的味道，反而会因吸收满满的螺蛳汤汁，吃起来更具风味；不少人还喜欢加鹌鹑蛋、炸蛋，吃起来更带劲。

一些店家会准备许多卤味、配菜供客人选择

除了这些，现在很多粉摊还有猪脚、腊肠、猪尾巴、猪肚、猪小肚、鸡翅等供顾客选择，甚至在螺蛳粉的风味基础上，开发出了干捞螺蛳粉、炒螺蛳粉、田螺鸭脚煲、螺蛳粉火锅等等。

一碗好吃诱人的螺蛳粉，需要等待。其制作技艺主要包含了四个核心工序：干米粉的制作、螺蛳汤的熬制、配菜的制作和烹制螺蛳粉。每一步都非常的关键，决定螺蛳粉最终的品质。

干米粉的制作，需要将选好的大米清洗浸泡，随后碾碎磨浆、滤浆，将获得的粉团进行加热糊化，再进行米粉压榨、分割，悬挂于阴凉处晾干，再分份包装好。

螺蛳粉好吃的关键，在汤不在肉。螺蛳汤的熬制颇多讲究，分为三步制作。第一步，熬制骨头汤。先将猪筒骨、牛骨、鸡骨架、槽头肉、沙骨冷水下锅，加热至水沸腾后，取出并清洗干净，以达到去除血沫和腥味的目的，再将香料（党参、玉竹、姜块、甘草、小茴香、花椒、白胡椒籽）用料袋装好，和姜片、姜块放入汤锅中，加水和骨头、肉一同熬煮。第二步，炒制螺蛳。制作前，要提前把螺蛳放在水里，让其吐泥 1 ～ 2 天，随后清洗螺蛳、去除尾巴，用清水反复冲洗后沥干水分备用。将姜片、蒜米、葱段炒香，再加入泡椒、酸笋和香料（沙姜、八角、香叶、草果、桂皮、砂仁、丁香）一同炒出香味，加入螺蛳再次煸炒、调味备用。第三步，将螺蛳放入骨头汤中熬制。当骨头汤熬制够 4 个小时后，加入炒好的螺蛳，调味，继续用小火熬煮 2 个小时，在汤起锅前

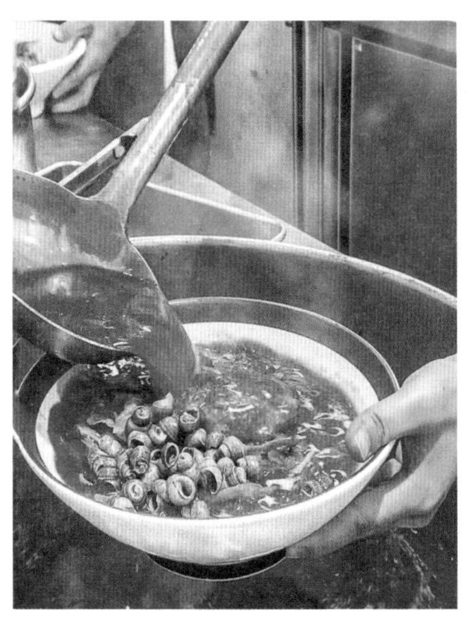

鲜亮的红油汤底是衡量一碗好吃螺蛳粉的标准之一

40分钟需要加入辣椒油进行熬煮，才能让辣油的味道和汤的咸鲜味道融合起来。

螺蛳粉的配菜中，核心是酸笋、酸豆角、油炸腐竹、油炸花生和秘制三鲜。随着工业化的发展，现在每种配菜的加工过程基本有了较为标准化的流程。酸笋的制作，先将新鲜的竹笋剥壳、切块后，放入清水中泡一会儿，取出稍微晾干，改刀切成片或者小块，在坛子中加入山泉水或者井水（富含矿物质的水为上，现加入的多是凉开水），再放入竹笋，置于阴凉处让其自然发酵半个月到一个月，且整个过程不能让竹笋沾到油。发酵好的酸笋取出后清洗，切成丝，再放入锅中焙干水分，加入盐、辣椒油、粗辣椒粉炒香，接着再加入白糖等调味，翻炒均匀至干水后，盛出备用。酸豆角的制作和酸笋有些类似。其他配菜的制作就相对简单一些。油炸腐竹和油炸花生的加工，都是经过高温油炸至酥脆。秘制三鲜，所谓的“三鲜”是指香菇、木耳和黄花菜。将其加入调味料、辣椒油等炒制备用，如果希望螺蛳粉的味道丰富，可搭配螺蛳肉末酱。

烹制原汤螺蛳粉。将提前泡好的干米粉置于温度高于85摄氏度的水中烫30秒后，捞起，滤水，放入碗中，加入酸笋、酸豆角、油炸腐竹、黄花菜、木耳丝、青菜、油炸花生等，撒上香葱等，再浇入螺蛳汤。

至此，一碗螺蛳粉的两大主角终于相遇交融。新鲜热辣的螺蛳粉冒着腾腾热气，来到了食客面前，如同《红楼梦》里“未见其人，先闻其声”的王熙凤一般，味道首先是自嗅觉而来：是“香”是“臭”自有判断。接着，才真正进入与螺蛳粉深入交流的阶段：粉、各种配料、青菜，多样的食材层出不穷，丰富的味道应接不暇，花式的感受统统都归结为一个字——爽。

这里，要提醒各位，一定要根据自己对辣味的承受能力，决定最后这碗螺蛳汤的辣度：“加辣”“辣”“不辣”。因为，这也将决定一个人在吃螺蛳粉时候的状态：大汗淋漓，嘴里喊着“辣得好”，愉快地从通红的螺蛳粉中夹起下一筷子；或者同样是浑身冒汗，大喊“好辣呀”，然后一口冰镇饮料下去，转头，如无畏的“勇士”一般，再“杀入”与螺蛳粉相搏的“战场”。

20世纪80年代初期，螺蛳粉开始流行后，不少人涉足这一领域，由于当时正处于创新起步阶段，制作方法暂时没有一个行业认同的统一标准，尤其是螺蛳粉的精华部分——用汤部分的标准。为了迎合柳州人偏重酸辣的口味，并且结合其主体米粉和螺蛳两者的固有特点，业者的探索方向分为了两个：

一部分业者在探索完善螺蛳粉的工艺，特别是制作其用汤过程中，始终坚持走注重酸辣口味的线路，还在“汤鲜味甜”上做足文章，因而逐渐获得了本地食客的认同。

另一部分业者则拘泥于螺蛳粉的螺蛳二字，认为螺蛳粉必定以螺蛳为主角，但是光有螺蛳煮汤，难以达到“酸、辣、鲜、爽、烫”的效果，反而得不到市场认可。

此后，经过市场的检验和相关业者的不断努力，螺蛳粉的制作工艺和口味有了最初的定位。

其实螺蛳粉为什么能这么快被大众关注，除与柳州市委、市政府重视和推动以及城市的特点有关以外，与螺蛳粉自身的特点、当代人的饮食喜好是分不开的。螺蛳粉主要使用的粉是干粉，汤和料都是提前制备好的，非常适合加工成袋装速食的米粉。另外，近 20 年来，湘菜馆、川菜馆遍布全国，大受欢迎，年轻人对于辣的接受程度越来越高，而年轻人又喜欢新奇、特别的东西，所以带着满满红油、特殊香味、鲜味十足的重口味柳州螺蛳粉恰好迎合年轻一代的心理。

广西人素来有“吃粉”与“嗦螺”的嗜好，而喜欢吃辣的地方也不少，为什么唯独螺蛳粉能在柳州快速发展起来？除了和柳州人爱吃螺蛳、粉和嗜辣相关，和柳州这座城市的自身特点也分不开。柳州一直是广西的工业中心，也是中南地区、西南地区重要的铁路交通枢纽，所以在 20 世纪 70 年代至 90 年代，柳州城市的发展在整个广西来说是比较快的。很多信息、资源和物资都是先到柳州再传递到广西各地的，这也让柳州当地的居民对于外界事物的接受能力和包容性更强，加上工业积淀很深，也促使螺蛳粉成为广西米粉里最快有袋装的米粉。正因为如此，螺蛳粉虽然是一种新起的美食，但短短十年间，相关小店遍布柳州大街小巷，短短40年就让全国乃至世界，认识了螺蛳粉，势头甚至盖过了原来广西最出名的桂林米粉。

发展到今天，这个从夜宵小摊里诞生的柳州螺蛳粉已经成为柳州市的食品龙头产业，每年都会涌现出很多专门经营柳州螺蛳粉的餐饮品牌，大部分已经遍布全国。袋装螺蛳粉

螺蛳粉生产集聚区

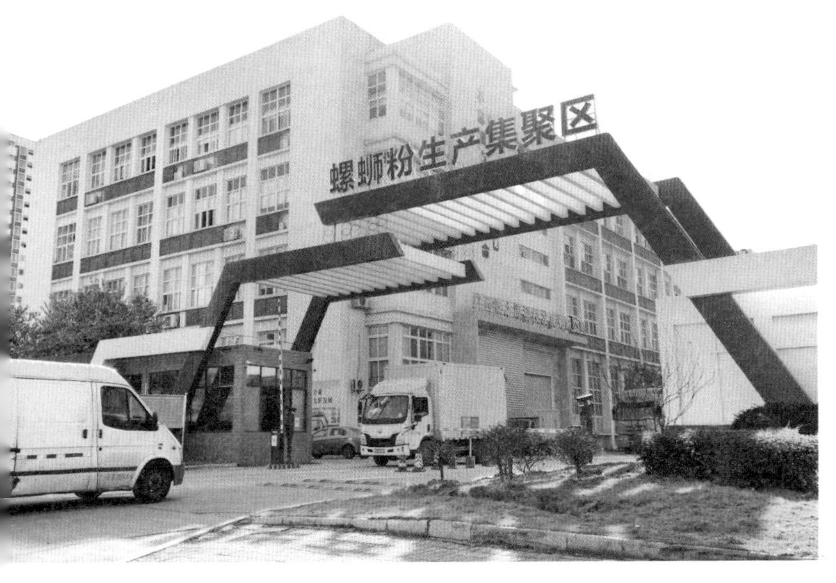

已经拥有“螺霸王”“好欢螺”等多个品牌，远销到20多个国家和地区。柳州市围绕螺蛳粉的发展，搭建有螺蛳粉小镇、螺蛳粉电子商务产业园、螺蛳粉产业园、螺蛳粉产业学院等平台。2021年，柳州螺蛳粉全产业链销售收入突破了500亿元，其中袋装柳州螺蛳粉销售收入高达151.97亿元。

汪曾祺曾说，四方食事，不过一碗人间烟火。今时今日，柳州螺蛳粉跨越南北，消弭了时空的差异，用原本只属于柳州人舌尖上的“酸、辣、鲜、爽、烫”，填充每个“嗦”粉人的饥肠和心灵。

南宁老友粉：暖心暖身　友情味道

南宁，广西壮族自治区首府，以“半城绿树半城楼”的宜人风貌赢得“绿城”美誉。悠悠的南国风情孕育出当地人清淡、嗜酸的口味。在柠檬鸭、“酸嘢”等南宁的众多美食之中，却偏偏出了一个有着“火爆”性格的品种，大受欢迎。它的独特风味更是拥有一种“我笑他人看不穿”的怡然自得，它正是南宁传统小吃的首席代表、金字招牌——南宁老友粉。也正是这样一碗融合了酸、辣、咸、香的老友粉，与柳州螺蛳粉、桂林米粉被统称为广西三大米粉。

南宁老友粉制作技艺，是最早一批被重视的米粉技艺之一，早在2007年，就列入南宁公布的首批市级非物质文化遗产代表性项目名录；2008年，列入第二批自治区级非物质文化遗产代表性项目名录。可见它在广西米粉界的地位，是难以被其他米粉撼动的。

当你来到南宁，你就会成为南宁人的“友仔”或“友女”（南宁当地人把自己的朋友称为“友仔”或“友女”），而老友粉的历史也和这“老友”二字密不可分。最初，老友粉登场的形象其实是老友面。相传20世纪初，南宁有一家茶馆，老板的“友仔”们常来光顾照顾生意，其中一位与老板关系很

扫码看视频

融合了酸、辣、咸、香的老友粉

好的老友更是天天到这个茶馆饮茶，突有几日因为患风寒不思茶饭、浑身没劲就没能再去。茶馆老板听闻后很着急，就用面佐以爆香的酸笋、酸辣椒、蒜头、豆豉、胡椒等，煮成一碗热汤面，送去给老友。酸香热辣的味道扑面而来，让老友胃口大开，马上就把这碗热乎乎的面和汤吃下肚中，顿感浑身暖和起来，还微微发汗，立刻神清气爽，很快感冒也好了。事后，这位老友心存感激，便书“老友常临”的牌匾送给茶馆老板，老友面自此扬名八桂。

至于从什么时候开始，老友粉替代了老友面成为主流，已经很难溯源。在20世纪80年代末、90年代初，南宁本地人就更喜欢吃老友粉了。南方地区主要产的粮食就是稻谷，在南宁，米食制品自然比面食更受欢迎，喜欢吃鲜湿面或者挂面的本来就少。而那个时代的南宁当地米粉加工厂蓬勃发展，鲜湿米粉更容易获得，加上更容易煮熟的特点，很多店家为了出品快和方便，就以米粉为主料，选择鲜湿面煮老友面的人也就变少了。现在受欢迎的面，通常都是伊面，是一种油炸过的面，这种面自带油炸后的香味，类似方便面，能充分吸收汤汁，老友的咸鲜辣加上油炸后碳水的味道，吃起来又是另一番风味。

如果你问南宁人，哪家老友粉店是他们心头好，热情的南宁人会跟你从中山路的复记、七星路的舒记、临胜街的天福香老友粉店数到龙胜街的苏十老友粉。如果你正好问到了一个深谙本土美食的老饕，那么你会收到一份隐藏于城中村、小区里、小巷内，或者他们家附近，那些招牌不明显甚至没有招牌的，只做早餐和夜宵的老友粉摊的寻味秘籍，通常这些略带有“神秘色彩”的店拥有最为好吃和正宗的老友粉。一碗老友粉承载着南宁人的味蕾记忆：无数的晨昏交错中，男女老少，无论是普通的上班族还是老板，开汽车、骑电动车或者自行车的人，都会跑到街边小巷去吃一碗自己心仪的老友粉，没有桌子的时候，搬个小板凳就坐在路边吃，没有位置的时候，甚至端着碗就蹲在路边吃，此时，老友粉的味道已经令食客们神魂颠倒。

按照南宁的地理方位、气候特点和物产资源来说，当地的饮食文化特点受到粤菜的影响更深，当地菜肴和小吃的口味都更接近粤菜的口味，重点讲究保留食材本身的味道，制作的时候加入的调味品不能抢味，要让调味品和食材的本味相辅相成、相互突出，这样的菜肴才完美，所以当地很多厨师都称自己是粤桂菜厨师，甚至觉得粤桂菜不分家。当然他们所指的“桂”，更多指代的其实是历史上行政区划归属广东的地方。而广西桂北、桂西的菜系和广西东南片区的差异还是比较大的。加上南宁离江河、海边不远，容易获取水产资源，进而又增加了滨海风味的菜肴，使得南宁当地菜形成食材丰富、风味特色多样的特点。正是受这些当地文化的影响，老友粉从最初简单的鲜肉末煮面，衍生出越来越多的新花样，加入了更多新的食材。制作形式上有传统的老友汤粉、老友炒粉、老友干捞粉。而老友汤粉又演变出了猪肉片老友粉、猪杂老友粉、牛肉老友粉、牛杂老友粉、三鲜老友粉、海鲜老友粉、八珍老友粉等等。甚至在南宁还出现过顶级老友粉，

里面主要配有龙虾、鲍鱼、海参等高档食材，一碗售价上千元，要预约才能吃上。

老友粉的制作工艺说简单也简单，说复杂也复杂，需要的食材和前期准备的过程会比桂林米粉、柳州螺蛳粉更简单，但是烹煮过程却是最考究的，它与传统意义的汤粉最大的不同在于要有“锅气”，即必须“先炒再煮”。这个炒一定要用猛火才能爆出食材的香味，所以很考验厨师的烹饪技巧，加上老友粉是需要一碗一碗烹制的，对味道的把控全靠厨师的经验。也正因为如此，南宁老友粉很难像柳州螺蛳粉、桂林米粉这样走遍全国，哪怕同一家老友粉店，不同的厨师烹制出来的老友粉味道都会有差异，更不要说同一品牌不同门店的师傅。虽然在 2010 年，南宁老友粉（面）传承基地就已经在南宁市共一老友粉店正式挂牌成立，2018 年自治区卫生计生委（现为自治区卫生健康委）出台并施行了食品安全地方标准《食品安全地方标准——南宁老友粉》，不少企业也尝试加工袋装老友粉，但是都不尽如人意。食客们最喜欢和认可的依旧是现煮现吃的老友粉；加上老友粉自带的酸笋味和豆豉味，始终让很多外地人拒而远之，让其很难像袋装螺蛳粉那样能销售到全国各地。

老友粉里面的粉，可以有多种选择，一般都是成品，在南宁人的概念里面，主要包括鲜湿切粉、鲜湿面团、伊面这三种。

传统老友粉的核心味道，来自酸笋、豆豉、肉末（最传统的是用牛肉末）、大蒜泥、酸辣椒。随着时代的发展，现在有些店为了方便，会用小米椒替代酸辣椒，烹制的时候则需要加入一些米醋来增加酸味；同时，为了更好地满足食客对于肉的欲望，肉末也更替成了肉块。另外，如果是汤粉，则需要有精心熬制的香浓骨头汤。制作老友粉的很多老师傅还会强调只有用铁锅制作出来的老友粉才够味，而且必须是生铁做的锅，这种锅不容易变形和开裂，锅还要有一定的厚度。之所以使用铁锅，一是因为它传热速度快，二是因为铁锅受热后，整个锅的温度比较均匀，利于快速炒制老友料。

老友汤粉的制作工艺，包括了配料爆炒，添加汤水，添加调味料，加入新鲜米粉或者面，煮制、拌匀等多道工序。

首先要先煸干酸笋。热铁锅至干，将酸笋放入铁锅内翻炒，去掉酸笋的水味，取出备用。这一步非常重要和关键，很多人认为老友粉酸臭，有一部分原因就是厨师没有先处理酸笋的水味，而是直接把酸笋和其他配料炒制导致的。由于老友粉中的酸笋，都是长时间天然发酵的，多少都会自带一些杂菌引起的酸馊味，通常都会藏身于酸笋的水中，经过爆干这道工序以后，不讨喜的那些酸馊味基本都会被挥散掉，而酸笋自身发酵所带着的醇香和复合酸味却被很好地保存了下来。所以正宗的老友粉，吃起来并不会有那股酸馊味。一些北方人来到南宁，有时会闻到大街上弥漫着浓郁的酸馊味，觉得奇怪，也很不喜欢，但是他们不知道这是酸笋经过自然发酵后产生的味道，并不是老友粉自带的。

接下来就要炒制老友料了。在锅中加入油，这个油可以选择花生油，但是很多老师傅喜欢用猪油，觉得更香。油热之后，加入半肥瘦的肉末炒出肉香（如果是加入鲜肉片或者猪杂类的，就在加入汤后再下），再放入豆豉、蒜末、酸辣椒和煸干的酸笋一同猛火爆炒，最大限度地将食材的各种香味激发出来，并让它们充分地融合在一起。这一刻，已经能闻到老友料的第一道复合味——酸辣。瞬时高温下，让食材中的化学分子重新碰撞、融合产生新的风味，这一过程是很奇妙的，很多人没有办法做出正宗口味的老友粉，就是掌握不到中国烹饪技艺里“爆炒”这个烹饪技巧。

另外，老友粉核心配料里对豆豉和酸辣椒的选择也是极为讲究的。豆豉要选用那种经过长时间发酵的、没有苦味、

“爆炒”这个烹饪技巧为老友粉带来了浓烈的香味

带着醇厚酱香和豆味的豆豉，以前老师傅喜欢用南宁当地品牌“铁鸟豆豉”，有些师傅喜欢用“黄姚豆豉”或者“扬美豆豉”；酸辣椒则会选用天等酸辣椒，这是一种黄色的酸辣椒。

完成爆炒后，加入热汤煮沸。在炒香的料里加入骨头汤，再大火煮沸，加调味品（很多店是加入一勺自己的特调酱汁）调味，呈现出第二道老友味——咸鲜甜。经过热油爆炒后，激发出食材里各种挥发性香气，再加入汤水迅速地锁住这些复杂的滋味，这个就是所谓的有“锅气”的老友粉汤底了。

最后一步，将顾客选的粉或者面放入锅中，大火再次将汤水煮沸，即可出锅。食客可以根据自己的喜好，在粉店的配料台上选择葱花、香菜、紫苏之类的加进去，有些店家还会提供炒好的豆豉酸笋、酸青辣椒，让顾客随意添加。

老友粉的汤头也是味道的关键，熬制需要有一定的技巧，选料也比较考究，这样才能获得鲜香甜咸适宜的汤头。而且和其他粉的汤头不同，老友粉的汤底一般不会加过多的大料，重点是要能熬煮出猪骨头原本的鲜味。据有经验的厨师分享，他们熬制的都是三骨汤，这个“三骨”指的是猪的沙骨、筒骨和猪头骨。沙骨增加甜味，筒骨赋予汤油脂，猪头骨增加汤的浓香并带来肉的鲜味。若还想增加汤的甜味，他们会增加微量的香料，如甘草、罗汉果、陈皮之类。制作过程大同小异：将猪骨洗净，用刀砍成块；放入 50 摄氏度的温水锅中，加姜和料酒进行焯水，将腥味去除，然后再用清水洗净；汤锅中加水煮沸后，再加入骨头，用大火煮 30 分钟左右，加入

适量的调味品，用文火进行保温即可。

老友炒粉的制作，和汤粉略微有些差异，但同样对“锅气”有着不变的追求。第一步，用火将铁锅热干，放入少许食盐及食用油，待锅中冒出油烟时，放入切粉进行翻炒，待切粉变软后，将粉起锅，备用。这步叫作给粉过油。第二步，炒老友料，和制作汤粉的步骤比较类似，也是要先将酸笋略炒去水味，加入适量食用油，将酸辣椒、蒜末、豆豉与其翻炒，然后将肉末放入锅中炒一炒，加入适量汤水及淀粉水勾芡，放入米粉在锅里兜一下，起锅前加入葱花和少许油，一份老友炒粉就出锅了。

南宁人吃老友粉的专业术语是“嗦粉”，这个吃法就跟老友粉的制作工艺紧密相关。当现炒现煮的“酸香味”挥发而出时，老友味也才真正到位。煮好的老友粉，热气喷薄，根据个人口味，再添加葱花、辣椒若干，下口之前，轻轻吹散覆盖着的热气，用勺子先喝上一口浓郁的老友靓汤，鲜、爽、辣直冲味蕾，这时候，你仍需要按捺住蠕动的胃口、激动的心情，在大快朵颐之前谨记，“烫，慢点”。

老友粉正是凭借将微辣、微酸、咸鲜这样的复合滋味融合在滚烫的骨头汤中，让它荣升成一种任何季节和任何时候都能吃的米粉。夏天吃它，让你感觉身体每个毛孔都舒展开来，不一会儿大汗淋漓，直呼“舒爽”；冬天吃上一碗，顿感身体的每个细胞都“活”过来了，暖流从胃里开始蔓延到全身；不想吃东西或者风寒感冒的时候，来上一碗老友粉，远远飘来的味道，足以让你口齿生津，胃口大开，精神抖擞。正是这碗治愈身心的老友粉，俘获了一代又一代的南宁人的心。

一城四季老友情，邕城的美食创作者们深得其味，将“老友”的辣、酸、咸、香举一反三，创造性地把它融入其他的食材之中。于是，在南宁人的本地菜牌上，又多出了“老友猪杂”“老友牛杂”等特色菜肴，老友味加老友情，味浓情更深。

——“喂，友仔，吃老友粉了！”

——“得啊，友仔，走！”

各色各味 别样风情

南宁生榨米粉：时间酿造　发酵风味

阳光透过路边大榕树密密叠叠的叶间缝隙，投射下深浅不一、斑驳的圆影。温度不高，湿度正好，正是南宁一天当中最好的时间，这也是水街每天清晨慢慢苏醒的时刻。

水街是南宁的百年老街，因水得名，蜿蜒顺畅，人行其间左右皆可相闻。时光在这里犹如放慢了速度，水街居民幸运地保留下了老南宁人爽朗、包容、平和的心态。这大概与百年来水街人总能保有吃食的自给自足、在艰难中保有口福有关系吧。民以食为天，水街就是这一隅老南宁人的天。

如果说水街是南宁市的地理标志，那生榨米粉就是水街的地理标志符号之一。生榨米粉（壮语“粉拉馊”），是南宁著名的传统小吃，在南宁武鸣区、邕宁区及马山县较为常见，是壮族节庆和祭祀活动的必备食品，历史悠久，底蕴深厚，是壮汉文化融合的产物，也是稻作文化、节庆文化、祭祀文化的典型代表，具有嗜酸、去瘴、去痧、健脾胃、助消化等特点。南宁生榨米粉制作技艺2015年列入南宁市级非物质文化遗产代表性项目名录，2016年列入第六批自治区级非物质文化遗产代表性项目名录，保护单位是南宁市西乡塘区文化馆。南宁生榨米粉制作技艺自治区级代表性传承人黄天玲的

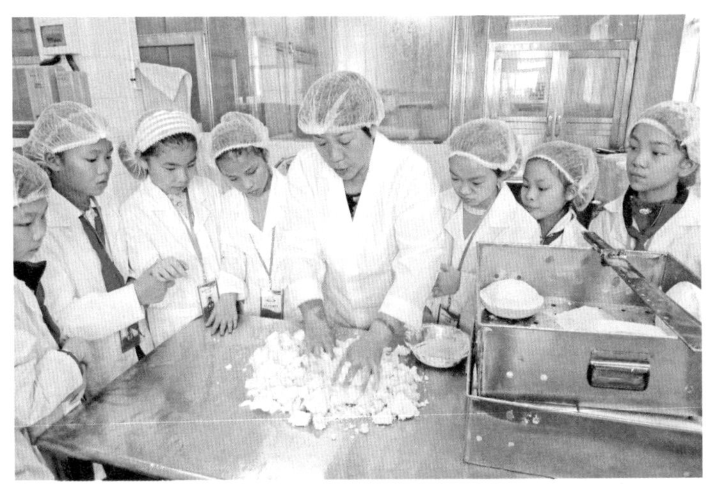

南宁市壮志路小学的孩子们观摩南宁生榨米粉制作技艺自治区级代表性传承人黄天玲制作生榨米粉

南宁百年水街古源香天天生榨米粉颇具代表性。

“生榨”二字，不论发音还是字形，都掷地有声，有着南宁人特有的口音及节奏。

“生榨米粉一两！”

很多老南宁人的一天，从一碗生榨米粉开始。一碗生榨米粉落肚，一颗心回落其位，安安心心地擦嘴站起，迈着步子去往远处。这是水街带给南宁人的淡泊与安宁，这也是南宁自古就有的自在与从容。

有史书记载的南宁生榨米粉已有百年历史。清末民初，生榨米粉已在南宁及周边地区广泛流传。民国《同正县志》记载：“四月初八日为浴佛节，各家多做米粉，以为过节。米粉

有切粉、线粉之分。以暖水泡米至数日，发酵、细磨、滤干、舂和，用器榨成粉条于沸汤内，制似桂林米粉而稍异，和原汤，配鱼肉、酱油、香料等熟食，味带酸，城厢人长为之。”

生榨米粉和普通米粉最大的不同在三个方面：一是米粉的制作时间比较久，需要长时间的发酵；二是需要“现榨现吃”；三是成品带有浓郁的“酸馊”味，老南宁人认为“酸酸

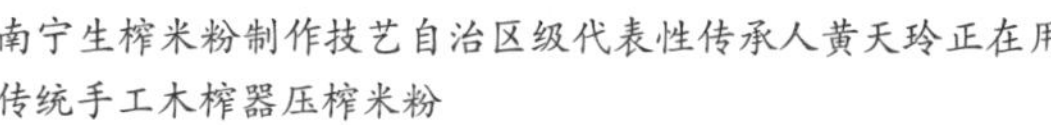
南宁生榨米粉制作技艺自治区级代表性传承人黄天玲正在用传统手工木榨器压榨米粉

馊馊”才正宗。它的米粉粉条的制作颇为讲究，时间也较长，传统制作生榨米粉粉条耗时不少于5天，经过改良后，现在只需要2天左右，经过11道工序就能完成，即洗米、泡米、发酵、清洗、加水磨浆、沥干水分、蒸制半生熟粉团、生熟粉团加水混合、打浆、压榨成粉条和煮制。

生榨米粉通常优选本地的陈早籼米（多将陈米和新米按比例混合使用）作为原料，清洗后放入竹制箩筐中加水浸泡，存放1～2天让大米自然发酵。再让其自然沥干水分，洗去表面黏液，随后在传统石磨上边加水边把大米磨成米浆。接着将米浆放入白布袋后，放上重石板压沥掉米浆的水分至半干。将半干的米粉团掰碎，重新揉捏成柚子大小的粉团，入锅煮20分钟，待粉团表皮1～2厘米深的部分熟透，如柚子皮般即可取出。将煮熟的米粉团放入石臼中，冲捣成糊状，揉到完全融合至不沾手。再用手对粉团反复揉搓，即成为榨粉时用的粉团，使其更有韧性和筋道。再将粉团放入传统的手工木榨器内，压出细圆粉条，使其直接跌落烧有滚水的大锅中。五六十厘米长的筷子顺势在滚水中翻转米粉，几个来回之后，白石膏似的粉呈现出剔透的光亮，筷子一夹能断，说明粉已煮熟。将粉捞出沥水，盛在碗里，加上熬制好的带着丰富油脂的肉糜酱、生菜碎、葱花、酱油，再淋上大骨头熬成的高汤，一碗最具南宁风味的、朴素的生榨米粉就摆在了我们的面前。

刚刚端上来的生榨米粉，还有着米浆的黏糊劲儿，用筷子搅拌均匀，完全沉浸在汤里的粉已经条理分明、润泽弹滑，

润泽弹滑的生榨米粉

夹一筷子粉递入口中，就着碗边再轻嘬一口带着稍许酸味的汤，立刻感觉到食欲大增、清爽提神。

生榨米粉之所以有“酸馊”这样的独特风味，是因为其制作工艺中大米发酵时间长，在各类自然乳酸菌的作用下，大米里面的化学成分发生了改变，如蛋白质、脂肪、淀粉类等营养物质被微生物分解和利用，让米粉里的总氨基酸和乳酸含量增加了，矿物质元素得到释放性溶解，这些不但赋予生榨米粉独特的风味，还提高了它的营养价值。更有学者研究发现生榨米粉中含有多种对人体有益的、安全的自然乳酸菌，不含有潜在的致病性微生物，常食用这种发酵类的米粉利于人体健康。生榨米粉粉条的韧性、弹性和透明度之所以优于其他米粉，正是因为长时间的发酵工艺，使它具有断条率低、爽滑、柔韧、鲜香以及微酸、富有醇香味、不易混汤等特点。

这么多年来在中国饮食文化之林中，生榨米粉能在南宁的米粉市场经久不衰，占据着重要的地位，广受老百姓的喜爱，与其独特的口味和功效是分不开的，这一股令人回味的“酸”——鲜香爽滑、风味独特、食而不腻、开胃健体让人难以忘怀。

随着贸易往来的增多、时代的发展，生榨米粉早已以多种形式呈现在人们的面前，在南宁邕宁区蒲庙镇、武鸣区和马山县等地都有很多经营生榨米粉的店，虽然制作工艺都类似，但他们又各具特色，搭配的配菜和吃法都有所不同。

南宁邕宁区蒲庙镇，以黄记那楼传统生榨米粉为代表。店家坚持传统手工制作，还没有走到门店，就闻到空气中飘散着阵阵“酸馊”的米浆味，就算是煮熟的米粉，它的“酸馊”味也非常明显，是蒲庙当地人认定的小时候记忆中的味道。他们家的生榨米粉除了传统的汤粉，还有干捞生榨米粉，烹调好的米粉以鲜香、“酸馊”为特点，配以固定的肉酱、干豆腐丝、头菜干碎和花生。这是与南宁市区内的生榨米粉不同的地方。

南宁市武鸣区的武鸣生榨米粉制作技艺也于 2018 年列入第七批自治区级非物质文化遗产代表性项目名录。米粉的制作主要还是以传统工艺为主，汤底是用猪棒骨、猪筒骨、鸡骨等食材一起熬制的，汤底浓郁。米粉发酵的味道比较重，店家强调要用纯天然的米浆制作，一般会依据时节发酵 5 ～ 6 天不等，比一般的生榨米粉发酵的时间都要长，所以米粉吃

起来会更酸爽。烫熟粉，再过一道冷水，以达到提升米粉的爽口感，滤掉黏着在粉表面部分的酸味。成品可以干湿两吃。标准的配菜是韭菜、碎肉和花生。其他免费配料主要包括辣椒酱、紫苏、酸豆角、葱花、黄瓜干等。

南宁市马山县的生榨米粉，充分体现了中国和睦、融洽的家庭文化观念，也是最接地气的生榨米粉，还充分地展现出广西人对于新鲜食材的追求，它的出品除了常见的碗装以外，最有特色的是盆装。当你和朋友们一同走进马山县的生榨米粉店，老板会招呼你们先选择喜欢的新鲜食材，比如猪肉、牛肉、塘鲺（塘角鱼）、猪杂等，厨师将它们在沸腾的高汤中迅速煮熟，再加入熟制的生榨米粉一同调味后盛到盆或者锅中，很快一盆满满当当、热气腾腾的生榨米粉就会摆到你们的面前，给人以“赶紧下筷品尝”的极致诱惑，立刻拿碗分装，品尝美味。这种现煮生料配上生榨米粉，风味比传统的更加鲜香可口和丰富，让人吃过后欲罢不能、念念不忘。

随着社会的发展，人口流动速度加快，每年到南宁工作、学习、旅游的人越来越多，在南宁市区内的生榨米粉，以古源香天天生榨米粉为例，为了加快生榨米粉的生产速度，以及让更多的人接受生榨米粉的风味，他们在 2014 年建立起生榨米粉的中央厨房，是最早实现生榨米粉粉团集中加工生产的企业。经过改良发酵工艺的米粉，不但产量得到快速提升，米粉质量稳定，而且“酸馊”味已经降低，得到了许多外地人和本土年轻一代认可和青睐。

其实，生榨米粉不仅仅在广西南宁地区流行，它还是崇左市龙州县金龙镇板送屯当地壮族人民过节必备的食物，也是河池市都安瑶族自治县和大化瑶族自治县当地的传统食物。如大化瑶族自治县贡川乡的贡川榨粉，和南宁生榨米粉类似，也是一种生榨米粉，贡川榨粉制作技艺在2020年列入第八批自治区级非物质文化遗产代表性项目名录。生榨米粉甚至还传播到了广东，远在广州的晓港湾小区里就有一家“靓姐生榨米粉店”，出品有传统的生榨米粉汤粉和干捞粉，也有带螺蛳粉味的生榨米粉，深受当地人欢迎，很多广州人慕名而去。

跟杂糅了多种味道于一身，而形成独特风味的老友粉相比，南宁生榨米粉别具一格的“酸馊”味就是“一招鲜，吃遍天”。一旦开启了生榨米粉的热爱之路，也意味着你要学会各种生榨米粉的搭配之道：葱、酸笋、辣椒酱、酸豆角、紫苏等等。尽管这些搭配的提味食材越变越多，生榨米粉的爱好者们仍是“万花丛中迷人眼，只此一味是清欢”。

你，会爱上它吗？

宾阳酸粉：酸甜爽滑　开胃优选

萝卜青菜，各有所爱；人间美味，五味杂陈。酸、甜、苦、咸，广西人对酸味自是情有独钟。由于广西地处亚热带季风气候区，具有多雨潮湿和气候炎热的特征，广西的西南片区尤为明显。在这样的气候影响下，每逢潮湿或炎热的季节，当地人都会感觉胃口不开，而酸味能很好地刺激人的味觉，提高人对食物的欲望，所以广西人大多嗜酸，而且从南到北很多地方的菜肴、小吃或多或少都会带上点“酸”，大部分的酸味是来自配菜的酸料或是烹制菜肴时加的米醋，唯独有这么一个特立独行的小吃，它能以“酸”为主调在众广西小吃中脱颖而出，早早就和桂林米粉一起，从街边小吃跻身广西各大餐厅的菜单上，那就是产自宾阳的酸粉。

炎炎烈日，暑气正浓。此时，一碗素粉放到你的眼前，干净利落地加入酸甜的酱汁，辅以叉烧、炸波肉、炸牛肉巴、炸灌风肠、炸肉排、腊牛肉巴、酸黄瓜（或酸萝卜）、油炸花生米（或油炸黄豆）、蒜末（或香菜）、生辣椒（或生蒜米）等佐料，酸甜味直冲鼻尖，舌底生津，强咽欲望，起筷速拌，一大口再接着一大口，将嫩滑、酸甜可口、香脆诱人的宾阳酸粉一网打尽。

酸甜开胃、配料丰富的宾阳酸粉是人们夏日的首选

扫码看视频

宾阳酸粉，原称宾州酸粉，其制作技艺在 2010 年列入第三批自治区级非物质文化遗产代表性项目名录，是一种特别适合作为夏日消暑的凉拌米粉，具有粉爽滑柔嫩、味道酸甜可口、配料多样、口感层次丰富的特点。

宾阳米粉至今已经有上千年的历史，而宾阳酸粉是后期改良得出来的新风味米粉。据悉，宾阳当地的米粉最早产生于北宋时期的皇祐年间，而酸粉是到了明朝才出现的，至今也有 600 多年的历史。相传北宋皇祐年间，枢密副使狄青率军南下驻宾州城时，因士兵们多为北方人，不喜欢吃南方的米饭，每次吃饭总觉得没胃口，不少士兵就提出想吃家乡的面条。一位伙夫便将大米磨成米浆，蒸成米粉片，再切成“米条”配以卤水肉片等，士兵吃后胃口大开，体力大增，一举攻下了昆仑关。宾州人觉得这“米条”着实可口，便效仿制之，并将它改称为“米粉”。到了明朝，宾州城内一位黄姓妇人的婆婆因病长卧不起，总感觉口淡无味，不思饮食，什么都吃不下。此妇人是位贤孝之人，为了能让婆婆吃下东西，冥思苦想多天，多次尝试制作各种食物，最后制作出一碗加入糖醋等配料的米粉送给婆婆。她婆婆顿感胃口大开，吃了个饱，病也很快就痊愈了。黄姓妇人的这个行为也成了宾州当地的佳话，她所创的“酸粉”经过代代传承和改进，就成了如今的宾阳酸粉。

宾阳酸粉滑而不黏，柔而不烂，韧而不坚，酸而不冲，辣而不呛，香而不火，脆而不燥，有着暑天吃能解渴解暑、祛火祛热的功效。由于复杂的传统制作技艺，它只能靠当地人代代相传。很多传统的老店，尤其是在宾阳当地的属于家族技艺传承的那些店，他们对于宾阳酸粉的制作有着非常严苛的要求：必须要现做现卖，必须要用传统手工制作的米粉，不采购加工厂生产的米粉，必须使用柴火煮制米粉和各种配料，使用的糖醋汁一定是蔗糖发酵的，卤汁要用猪骨头汤作为底料。这样才能做出正宗的、让人吃了还回味的酸粉。

宾阳酸粉里的米粉皮制作工艺，和常见的卷筒粉的粉皮制作工艺有非常多类似的地方，但是又有着不一样的操作，而且加工起来比较烦琐和辛苦。包括洗米、浸泡、磨浆、漂浆、调浆、蒸粉皮、堆叠等多道工序，整个过程至少耗时 8 天。

大米洗净后要先浸泡至软，浸泡的时间需要按时节的变化调整，夏天通常是一夜，冬天则是一天以上，之后将大米洗净后备用。

大米最好经过两次研磨，才能让浆水更均匀，磨好的浆水不能直接使用，需要进行 7 天的反复漂浆工序，漂浆期间要不定时地换水。所谓漂浆，就是让米浆静置沉淀后，去除掉上层澄清的水，再加入干净的水与沉淀的米浆重新搅拌均匀。每次米浆完全沉淀后就马上要更换新的水。反复重复上述步骤，直至第 7 天，才最终完成漂浆的工序。漂浆的过程中，还会加入一点盐，这样能加快米浆的沉淀速度，同时赋予米粉微微的咸味。通过这样长时间的漂洗米浆的过程，让米浆得到了一定程度的发酵，又给米粉增加一份自然发酵的醇厚的酸味。只有经过静置、反复漂浆工序，米浆多余的杂质才能被去除干净，做出来的米粉更加洁白、嫩滑、爽口，而且自带微微的咸味和酸味，丰富了米粉的口感。

米浆漂好以后，需要把生米浆和熟米浆按一定比例调好。先加水调节好生米浆的稀稠度，然后取一部分生米浆放入锅

里边搅拌边煮至熟透，即均匀的有一定黏稠度的米糊，再将生浆和熟浆按比例混合拌均匀，这样蒸出来的粉皮质地细腻滑嫩又有韧性。

粉皮的熟制采用“渡水法”，到这个操作步骤就和传统的卷筒粉的粉皮制作有些不同了，烹制卷筒粉的粉皮用“蒸汽法”烹制。烹制宾阳酸粉的粉皮则是将米浆倒入圆形铝托盘（传统是用竹编的簸箕）中，让其平铺均匀后，放入沸水中，马上盖上木头锅盖，约1分钟的时间，通过金属快速传热的方式让米浆焖熟。粉皮变得半透明并且泛着光泽，表面鼓起分布不均的气泡，就代表粉皮熟了。每煮熟一块粉皮就要马上取出，抹上一层花生油并折叠好，再一堆堆码起来备用。宾阳酸粉的米粉不用蒸的方式，是为了避免米粉在成熟过程中二次进水，因为含水量高的米粉皮太软，没有足够的韧性和弹性，而且容易黏在一起。这样不但影响米粉爽滑的口感，还会影响后期的堆叠。另外，煮制过程中要久不久往锅里加冷水或者调节火力进行控温，以保证锅里的水不能温度过低或者沸腾过猛，如果沸腾过度会导致铝托盘在锅里翻腾，做出来的粉皮厚薄不均，影响观感和口感。

酸粉中酸酸甜甜让人开胃的灵魂味道，主要在于糖醋汁。这个糖醋汁和日常大家理解的不一样，不是简单地用米醋加糖制作出来的。它是需要经过漫长等待才能够制作出来的一种特殊的调味料，是将蔗糖通过特殊处理后发酵制作而成的。需要先把黄砂糖在热锅中炒化，炒至带点微焦味后，再按一定比例加入冰糖混合好。这里加入冰糖是为了增加糖醋汁的清甜味，随后再加入清水，水的量与糖的量也有固定的比例。在锅中煮制糖水，要一边煮一边搅拌，时不时还要加入一些水，防止糊锅，直至里面的糖全部融化，糖水变成酱红色，关火用纱布过滤一二道，让糖水更加清澈和干净，之后让其发酵。夏天需要发酵 3 个月左右，冬季需 5 ～ 6 个月，待看到糖水表面结起一层或者斑驳的薄薄透明的膜并带着白色膜状的小泡泡，俗称醋膜，说明糖醋基本发酵成功了。为了让糖醋发酵得更好、更快，味道层次更加丰富，传统的做法会在醋缸里永远保留有之前发酵好的糖醋，被称为“醋种”。有些技艺人还会在缸里同时放上生杨桃或者其他水果，以赋予糖醋水果的香味。以这种方式发酵糖醋，夏天只需要 1 个月，冬季需 3 个月。糖醋的酸甜口感，并不是每次发酵出来都一样的，也并不是有醋膜就能用了，醋膜的出现证明糖水在持续发酵，而发酵的终点仍需要技艺人通过自己的经验来判断。酸了则增加冰糖调整甜味，酸味不足，则需要继续发酵。另外，如果发酵出来的醋不够澄清，也可以加入冰糖来沉淀里面杂质。这种通过自然发酵得到的糖醋，才能让酸粉吃起来味道醇厚，酸味不冲，而且比较温和、绵延，吃完后口不渴。现在很多知道宾阳酸粉好坏取决于糖醋汁好坏而自己又不会制作的店家，就会直接采购宾阳县新圩镇上国村产的糖醋汁。

酸粉中的第二个核心味道，来自卤汁，在宾阳当地有非常多酸粉店，不了解的人刚去吃会觉得口味差不多，但是细

细品尝，就能感觉出差别了。这个差异就来自各家熬制的卤水味道不同，人气旺的店，店家一定会在卤水烹制上下足功夫。制作卤水的汤底非常重要，选用新鲜的猪筒骨，焯水去腥洗净后，放入锅中，加入香料包，香料包里面的香料提前用热油炒制过，有陈皮、草果、香叶、八角、桂皮等 20 多种香料，将汤煮沸后调至文火熬制 5 小时，最后再加入炒制过的酱汁进行调味。

酸粉中的第三个味道，来自它丰富的配料，有荤有素，不同的店家给顾客配的肉会稍有不同，肉的标配一般都会有三样，通常是炸波肉、炸肉排和牛肉巴。炸波肉是其中酥脆口感的担当，制作过程也有它的特别之处。选择肥瘦比为 6 ： 4 的新鲜猪肉，过瘦的带着外面的脆皮吃起来会感觉柴，过肥的吃起来就感觉腻。腌制的时候需要加入各种香料和鸡蛋，鸡蛋能很好地包裹肉的表面，锁住它的水分和嫩度。随后将猪肉条过一遍脆浆，放入油锅中炸至金黄，表面酥脆即可。酸粉里的素菜，一定会有酸黄瓜片和油炸花生米，有些店家还会配上酸的白萝卜丝，传统的老店则会再加入酸藠头和酸柠檬，至于香菜、紫苏、葱花、红米椒之类的，则作为其他配菜由顾客自行选择增加。做这个酸粉，还非常考验厨师的刀工，因为每种搭配在酸粉上的肉都是食客点单后才切成一段段、一片片或者一丝丝码在粉上的，这就需要厨师下刀又快又准，比如炸波肉和炸肉排，表皮都是酥脆的，切的时候一定要快且力道均匀，才能保证每块肉上面都保留有脆皮。

酥脆的炸波肉是宾阳酸粉中必不可少的配菜

相对于四川人的“无辣不欢”，上海人的“嗜甜如命”，广西人特立独行的酸之追求，贯穿着对地域、温度、湿度等多种问题的一次性解答。“酸甜苦辣咸”的五味杂陈之中，唯有“酸”给予广西人的味觉欲罢不能的感受，“酸”过，才知何为“甜”。在宾阳有这样一句话：夏天吃酸粉，“病猫”都精神。鉴于此，宾阳酸粉，既是宾阳人饱腹的美食，又是他们对于“酸甜”味道的痴迷，更是“夏日炎炎正好眠”里犯困的人们抖擞精神的发动机。

全州红油米粉：红妆素裹　热辣鲜香

地处广西北部的兴安、全州和灌阳，由于地理位置上靠近湖南，因此在饮食上也更贴近湖湘的地域特点。谈起这三个地方，一般都有两种说法：一种是“没有一斤半，不过兴全灌”；另一种是“兴全灌，没有辣椒不吃饭”。第一种针对的是人的酒量，第二种就明显了，那肯定是指人的嗜辣程度。于是，在这种让人热血沸腾的饮食环境中，桂北诞生了一种跟柳州螺蛳粉的视觉冲击力不相上下、自带“颜值高光”的特色米粉——全州红油米粉。

在全州县城的大街小巷上开有不少红油米粉店，如果你在那居住或者旅行，清晨唤醒你的，不一定是升起的阳光，而可能是透窗而入的红油米粉的香味，或者是当地人吆喝点米粉的声音：“老板，来个二两，多红油、多黄豆！”让你顿时清醒，急切地想冲到米粉店中也点上一碗米粉。

全州红油米粉具有粉白、汤红、软滑、爽辣的特色。当地民间流传有这样一句话：“绿葱红油拌白丝，鲜汤滑粉辣味奇，色艳味美不腻嘴，爽口开胃营养正。”这正是对全州红油米粉的风味特色最全面和最贴切的概括。全州红油米粉是以大米为原料，经浸磨、水蒸或浸蒸、压制等工序，制成圆线形米制品，利用拌、煮等烹饪方法，加特制的汤汁、红油或者其他多种食材等配料，组合而成的一种地方传统小吃。因为其特色鲜明、味美，2012 年，全州红油米粉制作技艺列入自治区级非物质文化遗产代表性项目名录。

全州红油米粉到底从哪一年开始盛行，迄今都未找到确凿的史料记载。据当地老一辈说，在新中国成立前，红油米粉就是全州常见的家庭食物，当地关于它还有一个广为流传的传奇故事，与“孝”有关。全州历来民风淳朴，在家孝敬父母、在外效忠国家是他们对自己的要求。相传全州有个大孝子唐国忠，平日对老母亲非常孝顺。一年冬天，他的老母亲患了病，茶不思、饭不想，日渐消瘦，急得他寝食难安，赶紧焚香向嫦娥仙姑祈祷。嫦娥被唐国忠的孝心感动，想到全州冬天天气比桂林城内寒冷，便教唐国忠用全州“三辣”（辣椒、姜、蒜）做了一碗既开胃又驱寒的米粉给老母亲吃。老母亲吃了三回，病奇迹般好了。自此之后红油米粉在全州广为流传，许多人家将其技艺代代相传至今，深受当地人的喜爱。

一碗喷香诱人的全州红油米粉由四个部分组成，分别是米粉、红油、筒骨黄豆汤和肉酱汤。而这个米粉的颜值和香味主要来自品质上乘的红油。

在全州，红油米粉中的米粉条属于一种鲜湿米粉，需要现榨现煮。这种米粉米香味浓郁、筋道爽滑，当地人称之为出榨米粉，所以当地很多红油米粉店招牌上写的是“全州出榨米粉店”而不是“全州红油米粉店”。跟干米粉不同，出榨

红色的辣油为雪白的米粉着色

米粉工艺相对烦琐，很多店家为了保证顾客能吃到新鲜的出榨米粉，每天凌晨三四点就开始起来加工米粉团，准备其他食材了。

第一步，制作米粉。大米清洗后，放入水中浸泡，随着季节的不同，浸泡时间有所不同，夏季浸泡 1 ～ 2 天，冬季 2 ～ 3 天，等到米粒吸收满满的水分，呈现乳白色，拿起用手一搓就碎，米就泡好了。泡好的米经过淘洗后，进行打浆，传统是用石磨研磨，现在都是使用打浆机，在机器中加入泡好的米和水一同搅打。打好的米浆装入布袋中，封好口，用大块的重石板压着米浆，直至米浆变成只含 30% 左右水分的湿粉——整个过程需要十几个小时。将湿粉按比例和前一天剩余的熟米粉条（又称老粉），一同放入搅拌机中搅打均匀，新老米粉混合搅打，利于米粉之间的分子更好地粘连，做出来的米粉更有韧性。搅拌好的粉取出，用手揉成一个个柚子大小的粉团，放入沸水中，煮至外熟内生（表皮 3 ～ 4 厘米熟透）就好。半生熟的粉团重新放入搅拌机中进行搅打至均匀，旧时没有搅拌机就用木杵在臼中反复捶打至均匀，使米团有黏性，再拿出来揉搓成一个个光滑的圆柱体，之后将其放入榨粉机中按压榨粉。榨出来的细粉在沸水中煮一两分钟，煮熟后捞出过冷水，沥干备用。

第二步，制作红油。选用上好的、大个的红干辣椒，先用水稍煮一下，取出去籽，加入适量的食盐，与煮辣椒的水一起倒入研磨机中，磨成细浆备用；油锅烧热，待油温达 100 摄氏度时，下辣椒细浆，边加边不断地搅拌，辣椒汁熬制不粘锅铲时，红油就制成了。制作红油时，一定要有人守在锅边，一旦辣椒粘锅糊底，就会影响红油的香味。

第三步，制作筒骨黄豆汤。黄豆提前用冷水泡好，一般泡一夜，泡至黄豆鼓胀。猪筒骨洗干净之后，放入锅中焯掉血水去腥，再在大锅中加入清水，冷水放入骨头和黄豆以及香料包，大火将汤熬制成米白色，调味后即可使用。

第四步，制作肉酱汤。将半肥瘦的猪肉剁成肉酱，在碗里加入适量的盐、糖等给肉酱调味，倒入少许温的筒骨黄豆汤将肉酱调稀，接着冲入滚烫的筒骨黄豆汤，将肉酱烫熟备用。用高温迅速烫熟的肉酱，肉质特别鲜嫩，吃起来满嘴

留香。

当顾客点单后，店家只需要拿出备好的熟米粉，再为食客“冒”一下，即将米粉在沸水中烫 20 秒左右倒入碗里。加入一大勺肉酱汤，撒一点葱花，冲入筒骨黄豆汤，浇上红油，一碗热腾腾带着满满诱惑的全州红油米粉就登场了。用筷子夹起米粉，上面挂满鲜艳夺目的红油，放到嘴边一吸，肉汤的咸鲜、红油的辣味混合着黄豆的香味，充满整个口腔，细嚼米粉，带着淡淡的米香，筋道、爽滑，让人不禁在内心喊一声“舒服”。吹开红油“嗦”一口汤，黄豆跟着进入嘴里，一抿就完全化开了，顿时感觉浑身得劲。当地人吃红油米粉，还喜欢加上一根油条，将酥脆的油条放到米粉的汤汁里泡一下，再拿出来咬上一口，酥脆和绵软的口感混杂在一起，带着油炸后碳水的香味和米粉的咸鲜辣，让人吃得停不下来。

辣椒是人类历史上古老的农作物之一，但是直到明朝末年才得以传入中国。在岁月的流转之间，辣椒在中国大地开枝散叶，进入广西，传到全州，跟全州的米粉相识相知并浑然一体，终于成就了如今的全州红油米粉。一碗全州红油米粉，不仅是本地人口中的美食，还在融合重生的过程中成为中外交往的见证。

长安滤粉：如线如注　通透爽口

河流是人类的母亲，人类文明的摇篮从河流开始；城市，大都是因水而兴起，因水而繁荣、发展。融安依融江而生，一条融江让县城驻地长安镇成为广西近代“四大名镇”之一，赢得“小柳州”的美称。融江的水孕育了两岸居民，也催生出与水相关的人间百味。滤粉，就是其中之一。

滤粉，因形得名，以名得意，是一种制作方式比较特别的米粉。常规的米粉是压榨、蒸、搓或者切出来的形状，而滤粉则是把米浆置于带着孔洞的滤筒或者是带眼的木水瓢中，靠米浆自身的重量坠入沸水中煮出来的圆线形米粉。在全国范围内，也只有在广西柳州市融安县及其周边地区，才会用这种方式来让米粉成形，南宁的槐花粉、西安的蝌蚪面的制作也采用类似的方法。新鲜滤粉条制作的场景非常壮观，看到就能让人禁不住停下脚步，“如线如注”的米浆如在空中舞动的一根根银丝，摇摇晃晃地从滤筒中落下，一直坠入滚烫的水中，欢快地翻腾，阵阵米香飘散到空气中，诱惑着每一个行色匆匆的路人。一碗滤粉上桌，配上新鲜猪肉、牛腩、花生粉、芝麻粉、头菜、豆角、葱花、辣椒粉、蒜末等，加上融安最具特色的烧炙，淋上一勺骨头汤，这时候，请把你

的矜持和文雅放到一边，必须似猛虎下山，如风卷残云，全力冲刺，在一阵吸溜吸溜过后，碗底只剩几根“漏网之鱼”。抬起头，“宜将剩勇追穷寇”，把粉收拢，以胜利者的姿态彻底吸入口中，心里感叹，“再来一碗”。

正因为滤粉独特的制作技艺，2012 年，长安滤粉制作技艺列入自治区级非物质文化遗产代表性项目名录。

滤粉的来历迄今没有找到确切的记载，但是当地一直把它作为祭祀供品和过年过节必吃的食物。民间传说，在清代乾隆年间，融安县大巷一带遭受大旱，严重地影响了农作物的生长。按当地习俗，每年春、秋两社日，都是农家祭祀社王以祈求农业丰收的日子。民间认为社王是农神、土地神。通常每逢社日都下雨，但当年只下了零星小雨，让农民们苦不堪言。有人提出滤粉的制作方法很像在下连绵不断的雨，不如祭献给社王试试。为了能早日降雨，当地人就用滤粉和酒肉祭祀社王。巧逢这年祭祀社王之后，连日倾盆大雨。从此以后，每年的社日当地家家户户做滤粉祭祀社王。逢年过节、招待贵客也会做滤粉，慢慢地，滤粉成了当地一种最日常的食物。据当地老一辈回忆，新中国成立前，在长安镇上就已经有不少专门经营滤粉的小店了，都是家族传承的手艺，现在镇上有好几家店都是百年老店，甚至有清代光绪年间就已经创办的老店。

长安滤粉具有洁白绵长、嫩滑、爽口、香甜、味鲜的特点，可煮、干捞或凉拌来吃。在当地最常见的吃法是干捞和汤粉。将煮好的米粉放入碗中，加入卤水、肉末、酸豆角、小洲头菜、腐乳、辣椒酱、焦香的芝麻、葱末等，再淋上一些熟花生油，即可食用。如果想吃汤粉，就再加入一勺筒骨汤。在五彩缤纷的配菜衬托下，半透明的米粉更加雪白和诱人。用筷子把米粉翻拌均匀，一股混合着酸、辣、香的味道扑面而来。赶紧将米粉送入嘴里，软糯带着韧劲的米粉混合着咸、鲜、脆、爽等多层次的味道和质感，冲击着人的味蕾。大口咀嚼几下，米粉“哧溜”就滑入了食道里，那种感觉让人越吃越想吃。

传统滤粉的制作方法，是把大米浸泡过夜，沥干，加入少量米饭，在舂碓（旧时捣米的器具）中捣成粉末，加入少量沸水，一边加一边把粉末搅拌均匀，再加清水搅拌成生熟稀浆，取底部已经钻了一些孔眼的木水瓢，先用手托着木水瓢堵住孔眼，将米浆倒入木水瓢内，置于沸水锅上，松手让米浆漏入锅里，马上用长竹筷搅散，煮熟捞起。

现在滤粉的制作经过改良后，加上现代化的工具，变得更加简单和快速，只需要泡米、洗净、磨浆、倒入滤筒、煮制即可。首先选用的米和传统做法就不一样了，以前是用陈米（陈放了 2 年左右的早籼米）。现在多选用粳米和糯米按比例混合，当年收的粳米和糯米制作出来的米浆会更加细腻，新米可以给米粉带来更浓郁的米香和韧性，糯米增加米粉的软糯口感。洗干净的大米浸泡一夜（一般是 7 ～ 10 个小时），洗净稍微沥干，加入水放入磨浆机中磨成较黏稠的米浆，将米浆倒入上粗下细的平底镀锌铁皮桶。这个铁皮桶的底部有数十个孔眼，倒入米浆的时候铁皮桶底部要用一块木板垫着

米浆均匀地倾注而下

以堵住孔眼。随后用勺子上下翻动把米浆搅拌均匀，再用木板托着铁皮桶放到沸水之上，拿开木板，画圈旋转铁皮桶，让米浆均匀地倾注而下。滤完后将桶底板上的米浆刮净，赶紧用长竹筷搅散锅中的米粉，并不时加入凉水，让水重复沸腾2次。待米粉开始沉底，表示已经煮熟。将粉条夹到笊篱中沥干，倒入碗中备用。虽然现代的加工工具已经代替了传统的加工工具，连滤筒都是用支架悬吊于锅上，底部有不锈钢的挡板，可以随意开关，但是传统老店仍保留着煮制米粉时用柴火加热的方式。当地的技艺人认为柴火能更好地控制煮粉的温度，而且煮出来的米粉品质更加好。

滤粉有一个其他米粉都没有的特质，就是米粉的粗细可以控制。随着调整滤筒高低不同的位置，就能制作出不同粗细的米粉，筒越高，粉越细，煮熟得也越快。但是不能过高，否则煮的过程中米粉容易断。

滤粉中搭配的肉菜，主要有碎猪肉、牛腩、烧炙几种。

其中最为出名的是烧炙滤粉，也是当地人最喜欢吃的一种。烧炙在融安当地是一种非常出名的小吃，以前是逢年过节才能吃到的一道菜，更是融安宴席中传统“十大碗”名菜之一，是一种用炭火炙烤出来的肉丸子，制作方式讲究。融安烧炙，在 2020 年列入自治区级非物质文化遗产代表性项目名录。制作烧炙也需要花上一些功夫。先制作馅，将猪肉、冬笋、马蹄、香菇、葱白切成细丝，按比例混合好，放入盐、白糖、酱油、蚝油、胡椒粉、香料等搅拌均匀，腌制 2 个小时；处理猪网油，所谓猪网油就是猪的肠系膜，包裹猪的内脏的一层网状油脂，将猪网油放入水中清洗干净，拧干平铺于板上；包馅，用猪网油裹住肉馅，再卷成一个个圆形如鸡蛋大小的肉丸，并用长竹签挨个串起；烹制，将穿好的丸子悬挂于烤炉里，用炭火慢慢烘烤，在高温下油脂缓缓地渗透入肉馅中，过多的油脂则滴落到炉底，直至表面被炙烤到焦黄，飘出阵阵烤肉的香味，烧炙就做好了。除了烤，也可以用油炸的方式烹制烧炙。烤好的烧炙，色、香、味俱全，一口下去，外表焦香酥脆，肉馅汁水饱满，鲜咸香甜。

在米浆以温柔的姿态从滤筒中顺滑而下的时候，融江之畔的长安镇人仿佛看到了一湾碧波的轻盈灵动，滤粉也用它治愈系的律动和味道，给他们带去温热的慰藉。一碗滤粉，滤下的是米浆，滤掉的是烟火，滤出的是追求。

风吹日炙 光热气息

中渡干切粉：两蒸两晒

“呦呦鹿鸣，寨美一方”，这是柳州鹿寨县为吸引各方游客打出的宣传标语，而这样自信的宣言底气源自位于县域西北的经济重镇，素有“四十八弄的明珠”之称，将中国历史文化名镇、第一批“中国特色小镇”、全国特色景观旅游名镇、广西农业旅游示范点等称号集于一身的中渡古镇。

中渡古镇建于东吴甘露元年（265年），距今近2000年历史，是鹿寨文明的发源地，是文人辈出的地方。文化名人韦晓萍、潘文经就是中渡人。这里当年也曾商贾云集、繁华辉煌。迄今为止，古镇中心还保留有较完整的始建于清代中期的古民居群，都是古朴雅致的青砖黛瓦木质架构的房子，同时保留有很多历史遗迹，旧商号、客栈遗址、钟秀杰故居、中渡武庙、中渡抚民厅、粤东会馆、中渡县参议会、罗公馆、摩崖石刻等坐落于古镇之中。

在清代前，中渡古镇片区主要是苗、瑶、壮等民族同胞共同居住的地方，人口不多，村落比较稀疏。明末清初，中渡由抚民厅降为县治。依傍洛江而建的中渡古镇，拥有陆路水路之间交通往来的便利，这里因而成为很多商人聚集和旅居、停留的场所，镇上开始发展起商业、小手工业、饮食业、采矿业、土法冶炼业、铸造业和水上运输业等，促进了古镇的繁荣。也正是东南西北各路移民都汇聚在这里，丰富了古镇的饮食文化。而且据《雒容县志》载，当地粮食作物种类丰富，有早稻、油粘红冬稻、粳稻、糯米等多种稻米，主要粮食为粳稻与糯米，特产有香粳牙、粘畬谷两种稻米。丰富的农产品和中渡各种产业的发展，让中渡的饮食更加多姿多彩。据《鹿寨县志》载，中渡镇饮食业较为兴旺，甚至出现了“好酒好菜，中渡鹿寨”这样形容中渡镇佳肴众多的民谚。

游人们来到中渡古镇，漫步在保存完好的百年古镇中，空气中时不时会弥漫着各种美食的香味：不用抵制这舌尖上的诱惑，因为这香味和古镇人记忆中的香味一模一样，古镇的美食——肚肺汤、大杂烩、酸甜肉圆和毫细松一定会让你食指大动。如果还不满足，那么请记得，一定要吃上一碗柴火粉，因为它不仅是古镇居民日常生活的必备美食，而且已经一跃成为古镇迎接客人的网红美食。

中渡干切粉制作技艺，在2020年列入第八批自治区级非物质文化遗产代表性项目名录，保护单位是广西柳州市鹿寨县文化馆。

虽说广西的干米粉很多，但是中渡干切粉的制作和其他干米粉有着一个很明显的区别，用当地中渡干切粉制作技艺传承人陈洪波的说法，中渡干切粉是一种“带着太阳味道”的米粉。必须历经两蒸两晒才能制作出有光泽、耐煮、口感宜人的中渡干切粉，而且烹制的时候还必须要用柴火灶，这样制作出来的中渡干切粉才能带着当地最传统和古朴的风味。

陈家干切粉是陈洪波从父亲陈子文手里接过的事业。2021年，陈子文成为中渡干切粉制作技艺的自治区级代表性传承人。

中渡干切粉用传统手工艺制作，是中渡古镇的土特产，米粉成品比常见的很多干粉都要细。当地不少老居民都会制作中渡干切粉：以大米为原料，经过泡米、淘洗大米、石磨磨浆、蒸煮、太阳晒干、过温水、叠压、切丝、回晒、系粉等10个工序制作而成。

现在会制作手工中渡干切粉的年轻人已经不多，陈洪波就是其中一位，他是陈家干切粉的第四代传人。最初他也是常年在外打工，随着年龄的增长，对家乡的情感越来越深，尤其是对于中渡干切粉这个家乡传统美食传承和发扬的责任心也越来越强。2016年，他向柳州市里的文化部门申请将中渡干切粉列为非物质文化遗产项目。经过层层申报，2020年，中渡干切粉列入第八批自治区级非物质文化遗产代表性项目名录，让这个独特的民间传统手工技艺得到更好的保存和发展。

口味纯正的中渡干切粉，用料是十分讲究的，必须要选用当地“四十八弄石山区”种植的粳米。制作技艺也极考究，制作过程辛苦，而且要“看天吃饭”。传统干切粉的制作时间最好选择在大太阳天，因为需要经历“两蒸两晒”的过程。为此，夏季和秋季制作的米粉最佳，因温度较高，湿度却不高，利于快速晒干米粉，制作出来的米粉水分含量也较低，利于保存。切米粉的手法一定要快、稳、准，这样切出来的米粉才够细、够均匀。

制作中渡干切粉，要早早起来，赶在太阳出来之前，完成大米淘洗、磨浆、蒸煮的过程。

浸泡过的大米淘洗干净后，放在石磨上手工研磨，研磨过程中要一边添米一边添水，还要把握好米和水的比例。至少要研磨 2 次，每次都要在簸箕上过滤过，再进行下一次的研磨，这样研磨出来的米浆才会更细滑。之后按比例调制好生熟米浆，在簸箕上倒上薄薄一层均匀的米浆，放在热水上蒸煮，生熟适当，蒸煮时间刚合适，蒸出的米粉才有韧性，便于取出晾晒。米粉一变白，微微透明，就要起锅用木棍挑出来晾在木制的粉板子上，放到太阳下去晒干，这样得到的米粉才会更白、更薄。

米粉在太阳下晒一次是不行的，为了得到更有韧性、口感更好的米粉，一定要晒足 2 次。这个也是中渡干切粉制作特别关键的一环。米粉第一次晒干后，要用热水把干米粉重新泡软，然后切成细细的丝，再铺到粉板上，进行二次晾晒，直到把米粉晒干晒硬，再一小捆一小捆地包扎起来，等待出售和烹制。

经过这样两蒸两晒制作出来的干粉条才会有韧性，吃起来也更加弹糯，还带着一种混合着阳光的米香味。想吃的时候，抓上一把米粉提前在冷水里泡软，在柴火灶台上支起一口锅，烧开水，将泡软的米粉下锅煮上 3 分钟，倒入大碗中，浇上骨头汤，再配上古镇特制的叉烧、烧肠或脆皮，还有花生、酸菜等配菜，淋上辣椒油，撒上一把葱花，美味的中渡柴火米粉就做好了。

因其易于保存、煮制方便的特点，近百年来，它一直是大多数中渡人家中常备的食物，很多人家里都会摆着几把白亮白亮的干切粉，想吃的时候，稍微泡软，在锅里放上两把米粉，加点青菜、加点肉，一碗热腾腾的米粉就出锅了。

据说，中渡干切粉源于明清时期，到底是不是，已无法考证，但当地很多中渡干切粉传统手工作坊的传承至少已三代。因为能依靠这个手艺维持家族的生计，他们的祖祖辈辈一直都勤勤恳恳地坚持制作米粉。他们是中渡镇最早起床的人，天未亮就要起来洗米、磨浆，是最早接触中渡古镇阳光的人，也是最能体会到太阳炙热的人。也正是有这样一群人的坚持，才让我们这些凡夫食客，在机器制造的浪潮中，能继续享受着手工制作的中渡干切粉带来的阳光之味。

罗秀米粉：一两拔千斤

1985 年，中央电视台、深圳都乐影视公司以“奇特的罗秀米粉”为题，拍摄了 150 根共约 200 克的罗秀米粉挂于横木上，能让一个 70 公斤的健壮小伙子坐在上面荡秋千的画面，并将其收入到了大型电视系列片《中国一绝》中。到了 2017 年，中央电视台拍摄的纪录片《桂平味道》的第一集“记忆的传承”中再次记录了“罗秀米粉的制作工艺及文化”。自此，在广西各地丰富多彩的干米粉品种之中，罗秀米粉异军突起，成为名声最大的广西米粉之一，堪比如今的“顶流”螺蛳粉，甚至直接被称为“中国一绝”。它有着外观洁白油亮、粗细匀称、质地柔软、韧劲十足、耐煮、米香味浓、口感爽滑细腻、味入透心的特点。

罗秀米粉的主产地之一桂平市罗秀镇露棠村，2008 年被自治区政府命名为“广西罗秀米粉村”；2013 年，罗秀镇获得了“广西米粉之乡”特色区域称号；2012 年，罗秀米粉制作技艺列入自治区级非物质文化遗产代表性项目名录。罗秀镇成为罗秀米粉的重要生产基地，和它的地理位置、气候特点是分不开的。罗秀镇位于桂平市的东南部、大容山脉北面，地处桂平、平南、容县三县（市）交界地，罗秀镇四面环山，

类似盆地地形，气候具有冬暖夏凉的特点，雨水不多，而且日照时间长，每年有近 200 天的时间适合制作干米粉。每当秋高气爽的时候，罗秀镇露棠村的大街小巷上都能看到家家户户在晾晒粉皮。

罗秀米粉历史悠久，相传已有千年历史。根据历史记载，明初罗秀米粉就已非常出名，被列为朝廷贡品。它能成为贡品的原因，在民间还有个故事。当年皇帝派钦差大臣到罗秀镇查案，由于当地不似京都，有那么多山珍海味，当地官员想不出用什么去招待钦差大臣，后有一人献计，用本地蒸制的米粉煮、炒、干捞，加入各类鱼肉、猪肉一同烹制。米粉柔韧爽滑，钦差吃后称赞不已，回京后不忘带上当地的米粉，叫御厨如法炮制，献奉皇上，皇上品尝后非常喜欢，便命当地巡抚年年进贡罗秀米粉。直到清朝末年，罗秀米粉都还是贡品，所以它有着“皇家贡品”“浔州四宝”“桂平三宝之一”的美誉。到了民国时期，罗秀米粉盛销至广东各大城市和港澳地区，甚至远销海外。

罗秀米粉能成为贡品，并且一直流传至今，征服了世世代代罗秀人的心，和它精心的选材与严苛的制作工艺是分不开的。传统罗秀米粉的制作必须是手工制作：要选用当地优质银粘米（晚籼米）、清澈的山泉水、大青石磨；加工过程要低速水磨、调生熟浆、文武火蒸制粉皮；晒粉最好选择有微风的晴朗天气，无论是在晒粉皮还是在晒粉丝的时候，都不能让米粉在大太阳下暴晒过度，否则容易导致粉皮或粉条过干开裂，但是又要保证晒得够干爽，以达到片片粉皮或根根粉条分明完整，具有一定的弹性；成品米粉扎好后，拿来往墙壁猛掷 20 次不碎，才是品质上乘的。这些全靠手艺人的经验进行判断，一般人是难以掌握的。制作出标准的罗秀米粉，整个生产流程工序一共要经历 18 道，包括选米、清洗、浸泡、磨浆、过滤、调浆、蒸粉、成型、晒干、定型、切粉丝、晒粉丝、扎米粉等。

选米。一般是用存放了 1 ～ 2 年的早籼米，不同的技艺人有不同的选择，有的会选择将陈米混合新早籼米和晚籼米。

清洗和浸泡。将大米清洗干净后，放入水里浸泡 2 ～ 4 个小时，不同的季节浸泡时间不同，直到浸泡的米有米香味散出，状态最好。

磨浆和过滤。要用石磨来研磨米浆，边磨边加入浸泡好的大米和山泉水，共研磨 3 次。磨浆过程加入的水，通常选择山泉水而不是自来水，因为山泉水的矿物质更多，不但能增加米粉的营养价值，还能赋予它韧性。另外，磨浆的石磨，必须是当地产的大青石磨，这样的石磨所用的石头材质因自身温度较低，又比较沉重和坚硬，研磨起来转速不快，不会让米浆在研磨过程中升温，制作出来的米粉不容易糊，且易熟透，耐煮；如果是用现代的不锈钢电磨，出浆速率虽高，但是高速的转动，会让米浆温度升高，导致米浆中的淀粉提前糊化，影响米浆的质量，做出来的米粉下锅煮的时候，外面开始糊烂，里面却还是硬的。为了让米浆足够均匀、细滑，每次磨好的米浆都要过滤，然后再研磨，这样才可以保证蒸出来的粉皮均匀、耐煮。

调浆。研磨好的米浆，稍微静置后，滤掉上层的浮水，再重新加入水和调入一定比例的熟米浆，最终调成一种黏稠度均匀且不易沉淀的米浆。这里所说的熟浆并不是煮熟的米浆，而是用米饭与生米浆水一起磨出来的浆，这种浆比较黏稠。生熟浆的配比不是固定的，要根据季节、温度、湿度等因素进行调整，全凭手艺人的经验，都是通过口口相授，没有文字记载。生熟浆调得好，蒸出来的粉才够筋道。

蒸粉。将米浆调节好稀稠度后，开始蒸制粉皮。要选编织得非常密实、没有任何缝隙的平底簸箕为工具，倒入薄薄一层米浆，放入沸水锅中，让簸箕漂于水面上，盖上木盖用热气蒸，大约 30 秒，到粉皮变成半透明的，并在簸箕上分散地鼓起大小不均的气泡，说明粉皮熟了。

成型。蒸制好的大块粉皮，轻轻揭下并平铺于竹篦（一种竹子做的网状架子）上，放置在湿润且阴凉的地方晾到半干。

晒干。将半干的粉皮放置于太阳下晒干，粉皮要晒到恰到好处。晒干的粉皮收集回来后，进行喷水，让粉皮回软（当地又称回生），并在阴凉处晾至表面摸起来没有水分渗出，微微湿润的状态，再将粉皮从竹篦上撕下来，分小份一张张叠好。

定型、切粉丝、晒粉丝。叠好的粉皮码好后，用方块木板牢牢压住，使粉皮平整并定型，接着将 2 张粉皮一起折叠成宽 15 厘米、长 30 厘米左右的长方形，堆叠好再用方块木板压几个小时进行定型，待形状固定好以后，将粉皮切成一根根 1 ～ 2 毫米粗的粉丝。将切成细丝的粉丝平铺到竹篦上，放到太阳下再次暴晒至干。

扎米粉。将干米粉称重，按份扎成一团团，再压堆，让米粉变得更直，随后包装起来。

罗秀米粉可做主食，也可做菜，是一种非常百搭、方便食用的米粉，可以根据食客的喜好用煮、炒、捞、打火锅等方式进行烹制，煮则鲜，炒则香，干捞则爽，打火锅则保持原味，配菜可以任意选择，猪肉、牛肉、牛腩、鸡肉、鸡蛋、青菜皆可。各种吃法，都能撩人味蕾。烹制罗秀米粉前，要提前将干米粉放入开水中浸泡 5 ～ 10 分钟。当米粉变软后，将米粉放入篮子中用冷水冲，或者把米粉浸泡至冷水中，让变黏软的米粉分开回韧，随后将米粉沥干水备用。

生料煮粉，直接将水或者汤底烧开，放入喜欢的生料煮至八成熟，再放入备好的米粉煮 1 ～ 2 分钟即可。

炒米粉，在热锅中加入油、酱油和其他调味品，加入预制好的米粉，用筷子在锅中反复不停地挑起、散落，使米粉受热均匀，直到米粉上色均匀，味道全部渗透到米粉里，再加入提前炒制好的配菜，翻挑均匀就可以出锅了。

凉拌粉和火锅粉就更为简单。米粉煮熟捞起用冷开水冲过沥干后，直接加入各种凉拌料和糖醋汁拌匀即可；火锅粉，直接把备好的罗秀米粉放进火锅中待滚 1 ～ 2 分钟，取出后调上味道就可以佐菜食用了。

经过不断地改良，现在市面上的罗秀米粉烹制起来更为方便，如果是做煮粉，不再需要提前浸泡软，而是直接放入汤里一同和配料煮制 5 分钟左右即可食用。

罗秀米粉以前在当地，几乎家家户户都会做，而且主要

靠家庭的代代传承，都是手工制作。随着经济的发展，在这个追求高效、量产的时代，要想让罗秀米粉销售得更快、更远，工业化的大规模生产是必不可少的。发展到现在，米粉行业已经成为罗秀镇的支柱产业，当地每年米粉的产量早已超过 5000 万斤，年生产总值 3 亿多元，产品热销全国各地及东南亚一带。另外，桂平市还开发出了袋装或者盒装的带着配料包的速食罗秀米粉，有众多口味可选，方便送礼和携带。

随着工业的发展，罗秀米粉的加工工艺在传统的基础上得到了很大的改良和优化，生产速度得到了很大的提升，但是手工制作并没有彻底消沉。据当地老一辈介绍，之前做罗秀米粉，由于加工设备有限，时间周期很长，米浆要研磨 5 次，过滤 5 次，还需要九蒸九晒；另外，为了最大化地利用原材料，不浪费，以往使用的大米并不是现在的精米，而选用的是糙米（即稻谷脱壳后不加工或较少加工所获得的全谷粒米），这样出来的米粉会带着点微微的谷壳黄色，没有这么洁白透亮，而自然的米香味会浓郁些。和现在工业化生产的米粉相比，手工粉更硬一些、保质期也没有这么长。在现代工业文明的冲击下，如今会传统罗秀米粉的手艺人越来越少，在时代变迁中、在机器的制造中，手工罗秀米粉依然因其独有的味道延续生存。

法国哲学家米歇尔·福柯说：物质文明独有其缓慢性。手工制作的罗秀米粉也如此言，千年绵延。一辈又一辈的米粉匠人们用手艺和时光，延续传承，初心未变，只为不灭掉每一个热爱罗秀米粉的食客们心中朴素的光。

京南米粉：以泉水入味

京南？京南在哪？京南米粉又是什么样的米粉品种？没吃过京南米粉的人肯定迷惑了，毕竟，跟桂林米粉、螺蛳粉和老友粉这些“老大哥”相比，它确实有种“养在深闺人未识”的低调。此时，在京南米粉前面加上“梧州”，你有没有猛拍大腿，恍然大悟：“梧州啊！”是的，提起梧州，这个三江总汇之地，“食在梧州”的美名享誉两广，龟苓膏、纸包鸡、冰泉豆浆、岑溪古典鸡等等，哪个提起来都让人垂涎三尺。而来自梧州苍梧的京南米粉能在这样一个美食之城脱颖而出，那绝对是“始于颜值，终于才华”的美味：在中国—东盟博览会广西农业成就展上荣获“精品荣誉”、被农业农村部农产品质量安全中心认证为“无公害农产品”和获得“梧州市特色产品”的称号都一再印证了它的实力。

京南米粉制作技艺，在2020年列入第八批自治区级非物质文化遗产代表性项目名录，保护单位是梧州市苍梧县文化馆。京南米粉具有色泽光亮、柔韧耐煮、嫩滑爽口、营养丰富的特点，可以做主食，也可做配菜。

京南米粉发源地苍梧县位于广西东部，属梧州辖区。苍梧县所处的地理环境以丘陵地形为主，山脉延绵、峰峦耸立、

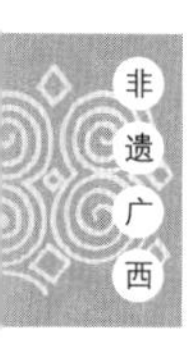

溪流纵横，属亚热带季风气候，气候温和宜人，雨量充沛，利于竹、木生长，适宜种植水稻等农作物。当地的米食制品丰富，常吃的鲜湿米粉有牛腩粉、上汤河粉、岑溪米粉、卷筒粉等，干制米粉则有京南米粉、同心米粉、三堡米粉和濛江米粉。

京南米粉历史悠久，其制作技艺是苍梧县京南镇劳动人民在长期生活实践中传承下来的智慧结晶。从明朝开始，居住在苍梧地区的居民，就有把米浸泡至软，磨浆后蒸熟食用的习惯。到了清朝时期，当地很多家庭作坊在鲜湿米粉的制作工艺基础上进行改良，开始加工和售卖干米粉，当时主要分散在京南镇纯冲村、旺安村、古榄村、思蓬村、儒垌村、城垌村等地。京南米粉制作技艺自治区级代表性传承人罗年，现年 68 岁，他就是跟随着自己的爷爷和父亲学习到了京南米粉复杂的制作技艺，现在通过家族传承的方式传递到了他儿子罗青云手上。1986 年，罗年就在自己的家乡纯冲村创办了第一家京南米粉制作加工坊。纯冲村自然资源丰富，当地的山泉水品质极优，水质干净清澈，口味清甜，矿物质含量高，用这样的山泉水制作出来的京南米粉，广受当地人的认可和喜爱。

要制作出口感好、米香味足的京南米粉，选米、用水和制作过程中的工艺控制，都尤为关键。与其他的米粉制作不一样，据罗青云介绍，京南米粉的原材料一直是使用当地每年新收的早稻米（粳米）进行加工，现在用的是珍桂米，也是一种早粳米。新米制作出来的米粉米香味十足，自带光泽。

另外，加工米粉的水要用当地的山泉水。传统制作工艺包括洗米、浸泡、磨浆、摊米浆、蒸粉皮、晾晒、叠粉皮、切细条、晒干、扎粉团等十几道工序。

把米洗干净后，放入清水中浸泡。浸泡是有要求的，需要根据季节的不同来调整时间，将米浸泡至软，手碾会碎即可。接着进行磨浆，用石磨边加水边加米磨，米浆要反复研磨至少 3 次，浆水才均匀。然后蒸粉，先把米浆水倒入竹编的簸箕上，稍微晃动，让米浆厚度均匀地平铺，待锅中烧水至微沸，立刻放入簸箕，盖上大木盖，开始蒸粉，时间以

晒制中的京南米粉

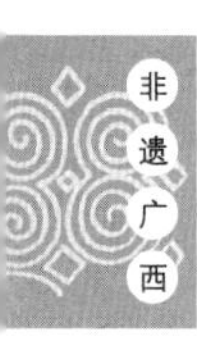

3～5分钟为宜，蒸粉变成透明乳白色时，表示粉皮已经熟了。此时的粉片柔韧性较好，蒸制的时间不能过长，否则蒸汽水回流到粉皮上导致粉皮表面过湿，还会出现斑点，品相不好，也不易从簸箕上取下来。接下来把蒸熟的粉皮从簸箕上挑出来，平铺在竹网架上，晒干。为防止晒干过度，粉皮不能在大太阳下进行暴晒，不然容易造成粉片易折断；当粉皮晒到六成干左右，用手弯折粉片测试软度，能随意弯曲，不会一弯就断，且表面干爽为宜。最后再用50摄氏度的热水浸软半干粉片，每2片叠在一起，再折成宽约16厘米的粉皮，用铡刀铡成细丝条，将粉丝挂在竹竿上晾晒干。

制作好的京南米粉，就像日常的面条和干米粉一样，吃起来非常方便，可以按照自己的需求和喜好进行烹制，只需提前把米粉准备好。京南米粉可以做凉拌粉、汤粉、炒粉，尤其适合做火锅的主食。吃之前，只需要把干的京南米粉用清水浸泡2～3分钟，再放到煮沸的水中煮5分钟，取出用冷开水冲凉，沥干备用即可。要做凉拌粉时，直接在备好的米粉中加入糖醋汁、肉、蔬菜等配料即可；要制作汤粉，可以直接在汤底中加入清水浸泡过的京南米粉，煮5分钟，再加入瘦肉、青菜等佐料，调味后即可；要做炒粉，先在热锅中加入油，炒制自己喜欢的配菜，调味，加入预制好的米粉，用筷子在锅中反复不停地挑起、散落，让米粉和配菜混合均匀，吸收完锅里的汁水，待米粉上色均匀就可以出锅了；要吃火锅，直接把备好的京南米粉放入锅中，烫1～2分钟，取出后拌料食用。

由于京南米粉手工制作的时间长、劳动强度大，费时费力费人工，现在已经有不少大小规模不同的京南米粉加工厂开始采用工业化的方式加工米粉，从业人员超过百人，很好地提高了京南米粉的产量，让京南米粉得以走出梧州，销售到广西各地。2021 年，京南米粉的总产量达 180 多吨，产值达 200 多万元。其中一家在当地做得最大的苍梧县京南米粉厂，就是罗年创办的，现在主要由他的儿子罗青云掌管和运作。在新一代传承人的创新和发展下，该工厂除了坚持制作传统的京南米粉外，还以京南米粉的加工工艺为核心，依托苍梧县的特色产品，开发出了很多干米粉的新品，包括六堡茶米粉、艾米粉、茯苓米粉、荞麦米粉，同时将这些米粉从传统的无包装产品，升级为礼盒装，成为当地人送礼的首选。

水，给了梧州美景；水，也给了梧州美食。来到梧州，一定要记得泡一壶六堡茶，喝一碗冰泉豆浆，吃上一碗京南米粉，因为，这里面除了土生土长的茶叶、豆子和大米，还有让这些材质升华的催化剂——源于本地的矿泉水。

特殊造型
匠心坚守

横县萿僧簸箕粉：石磨做浆　簸箕做形

2021年，享有“中国茉莉之乡”美誉的横县撤县改市，成为横州市。食客们一提起横州美食，传统的横州大粽子、横州鱼生、芝麻饼和木瓜丁等必是上榜品类。在一众的横州美食之中，有一个出自“中国少数民族特色村寨”的簸箕粉同样深得当地民众的喜爱。横县萿僧簸箕粉制作技艺在2018年列入第七批自治区级非物质文化遗产代表性项目名录。簸箕粉在广西很多地方又称之为“石磨粉”，是南宁、钦州、玉林等很多地方的民间传统小吃。

横州校椅镇萿僧村的历史非常悠久，建于明朝末年，是至今保存较为完整的一个典型壮族古村落。村中保留有48座完整的古色古香的岭南风格民居，其中历史最久的已距今137年。每年农历三月初三，周边的壮族群众都汇集到这个村上，开展大型的乡土民俗文化活动——“接龙”。2019年12月，萿僧村因其古建筑完整，壮族民俗保留完整，被国家民委列为第三批“中国少数民族特色村寨”。由于当地交通没有那么发达，很多当代流传的信息和物质都没有进入和影响当地的生活习俗，村中现在还保留有比较完整的传统手工技艺。很多传统特色美食，如大粽、粉虫、糍粑、汤圆、年糕、簸箕粉、五色糯米饭以及米酒，家家户户基本都会做，所以簸箕粉的传统制作工艺才得以流传下来。

簸箕粉最大特色在于，一定要用当地竹子编制成的大簸箕来制作。这种簸箕要编制得非常平整紧密，这样米浆放上去才不会漏，蒸粉的时候，不但不会让水分过多地渗透入粉皮中，还能吸收掉粉皮里多余的水分。这种用竹簸箕蒸出来的米粉既能很好地保持原本大米的香味，又带着淡淡的竹子清香，吃起来别有一番风味。有了大簸箕这个核心工具，簸箕米粉的制作自然就水到渠成。以簸箕为关键，制作分成了 7 步：洗米、浸泡、磨浆、调浆、蒸粉、取粉皮、切制。

簸箕粉的制作原料，一般选用当地产的陈米（陈放了 1 ～ 2 年的早籼米），洗净后放入水中浸泡一夜，第二天重新用清水清洗浸泡好的米，清洗 3 次，沥干水分。

将米、米饭和水按比例调好，倒入石磨中研磨。头道米浆制好后要再研磨 2 次，这样做出来的粉皮才够洁白、有韧性。研磨出来的米浆水，浓稠度要靠经验来把握，要调得稀稠适宜，既要有一定的流动性，又要有一定的黏性，倒入簸箕中才好铺开，且蒸出来的粉也不会裂开或者变成米糊。研磨用的石磨，最好选用大青石材质的，这种石头性冷，坚硬且沉重，研磨速度不快，可以防止米浆在研磨过程中升温，提前糊化。

接着，用刷子在簸箕上刷上一层油，再把米浆倒入，两手捧住簸箕稍微倾斜晃动一圈，让米浆顺势往八方流开，直至薄薄的一层平铺满整个簸箕的表面。旺火烧开了锅里的水，把簸箕放入大锅里的水面上，盖上大盖子蒸 1 分钟左右，开盖取出，煮熟的米浆变成了晶莹剔透的粉皮，薄薄一层宛如窗纱，甚至能清晰地看到簸箕上黄褐色的、深深浅浅的编织纹路。蒸的时间一定要把控好，粉蒸久了，就会失去嫩滑的口感；蒸的时间短了，米香味出不来，只有恰到好处，蒸出来的米粉才嫩滑又有韧性。

米浆顺势往八方流开，平铺满整个簸箕

趁热用刮子沿粉皮边刮一圈，用手轻轻地把粉剥下，放在芭蕉叶上卷成条，切或者用剪刀剪成小段装碟。按照当地吃法，非常简单，淋上少许酱油和葱油汁就可以食用了。

楂僧簸箕粉吃起来口感嫩滑、软弹，香甜可口。口味上的选择也是因人而异、丰俭由人。除拌酱油吃以外，还可以拌黄皮酱、番茄酱、酸辣柠檬酱吃，也可以撒上芝麻、花生拌着吃，或配上香菜、紫苏、薄荷等，也可以添配猪肉末、肉丸、猪脚、扣肉、牛腩之类的一起吃，也可以放入骨头汤中当汤粉吃。簸箕粉还可以做成五颜六色的，只要在磨浆的过程中，将水换成果蔬汁或者黄栀子水等有天然色素的液体。

试想一下，每日清晨，吃着一碗清甜可口的手工制作的簸箕粉，品上一壶清香扑鼻的茉莉花茶，横州人的生活是否自有一种“文思诗怀妙变花”的惬意自在呢？朋友们，到横州赏完“又香又白人人夸”的茉莉花，还请记得品尝“石磨成浆簸箕蒸”的楂僧簸箕粉！

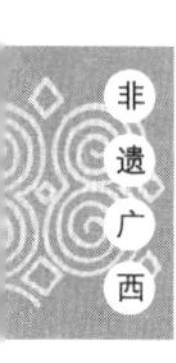

雁江粉利：蒸制揉成柱 岁末盼吉利

作为壮族稻作文化发祥地之一的广西隆安县，多年来相继出土了大石铲、牙章、遗骨等文物，发现了中国古老的原始栽培稻和普通野生稻。壮族人把水稻田叫作“那”，“那”文化就是稻作文化。悠久的稻作文化历史和独特的稻作文化习俗孕育出当地丰富的大米食品。其中，位于隆安县西北部的雁江镇，因为当地的稻田土质非常好，生产出来的稻米自带浓郁的香味，口感软糯。当地人利用这些稻米加工制作出了丰富的小吃，如卷筒粉、生榨米粉等，其中以雁江粉利最为出名。雁江粉利是壮族传统的稻米制品，历史悠久，外形为圆柱形，有白色、黄色和红色，米香味十足，耐煮耐蒸、韧糯爽口。

粉利，始于明末清初，早期是广西桂北、桂南地区逢年过节用来供奉祖先的传统小吃，后来才慢慢演变为过年的“压岁食品”，常常拿来馈赠亲友，或者是在年夜饭、大年初一的早上食用，寓意新的一年“大吉大利、顺顺利利”。《邕宁县志》中就有关于它的记载：“戚党相交贺岁，谓之拜年。饱送干肉糕粽糖果粉利等物。尤以新妇岳家为多，谓之送年茶。”

至于雁江粉利，在民间还有这样一个传说：当年，诸葛

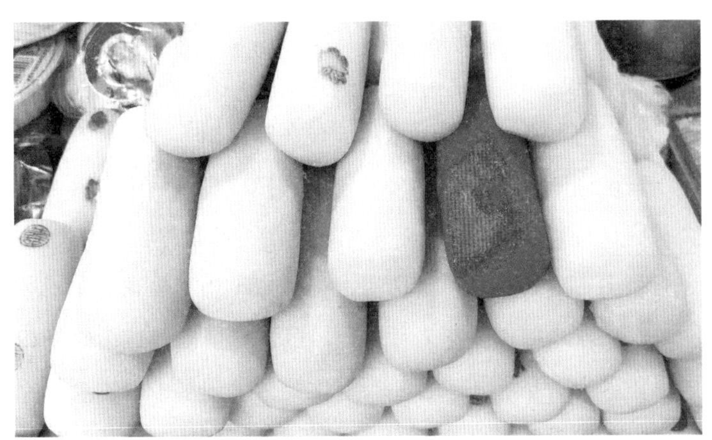

寄托着美好寓意的粉利

亮南征时，在雁江驻扎。当地原有的水井、河流被敌兵投毒，不能饮用，诸葛亮就命令部下在当地开凿了数口井以取水饮用，并用井水和当地大米进行加工，把大米蒸熟磨浆搓成团，便于行军作战时携带和食用，这就是粉利的雏形。所以当地人都说粉利是诸葛亮传下的技艺。现在，雁江镇仍然保留有许多古井，迄今未废弃，至于这些井到底是什么年代建的已无从考证。但在民国二年（1913 年）《隆安县志》里有对这些井水的描述："水清而冽，终岁不竭，瀹茗极佳。"这些井里的水清澈，且长年不竭，就算是洪水季节水仍不浑浊，特别适合用来煮茶。因这些井的结构精巧，有水质优良的特点，当地人称之为"孔明井"，也叫"诸葛亮井"。逢年过节，若用这些井的水做粉利，粉利久储不变质，可保存几个月。因

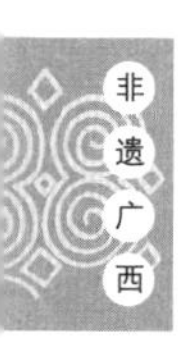

位于右江畔，雁江镇曾经是右江沿岸重要的水路交通枢纽和商品集散地之一，更是隆安县远近闻名的商埠，素有“小香港”“小上海”“小南宁”之称。现在雁江镇上还保留有一个建于清乾隆三十九年（1774 年）的古镇。古镇附近有著名的文武庙和孔明井，镇上有三条完整老街，都是青石板铺成的，还有很多古建筑群，不少楼房上还保持了当年雕花刻龙的印记，彰显着当时的繁华之貌。而雁江粉利就通过这个繁华的商埠和水路流传到广西各地。

在广西南宁，逢年过节，大家喜欢购买隆安产的粉利，尤其是雁江镇产的粉利。2013 年，雁江粉利制作技艺列入第五批南宁市级非物质文化遗产代表性项目名录。粉利普遍的外形都是圆柱形的，有些地方是扁扁的椭圆形，有白色、红色等。粉利的制作过程虽然工序不多，仅 9 个步骤，即选米、泡米、磨浆、翻炒米浆、搓揉成形、蒸制、出锅、晾干、盖印章，但是需要有一丝不苟的态度才能做出品质优良的粉利。

制作雁江粉利的原材料，选用的是当地产的放置了 1 ～ 2 年的籼米，而且用的是早稻米，一种非糯性的大米。由于这种米透明度较小，缺乏光泽，蛋白质和脂肪含量都比晚稻米低，而且含的稗粒和小碎米都比晚稻米多，用来煮米饭吃起来口感不好，比较硬，所以当地人又称它为“硬米”。

首先，将选好的米放入水中浸泡一夜，夏季浸泡时间短一些，冬天浸泡时间长一点，感觉米吸水到饱满膨胀就可以了，浸泡的时间全凭经验判断。浸泡时间不够，米质偏硬，磨浆会比较困难；浸泡时间过长，米就会开始发酵并带有酸味，手轻轻一捏就会碎，这样做出来的粉利质感不好，偏软、韧性不足。

泡好的米沥干后，加入新的水，再放入石磨中，将其研磨成细浆。为了得到更加细腻洁白的浆水，得到的头道米浆要再研磨一次，这样制作出来的粉利口感更加韧滑。如果想要制作有颜色的粉利，在这个阶段就要加入带颜色的水，比如黄色的粉利加入的是黄栀子水，红色的粉利加入的是红蓝草水。

翻炒米浆，需要人全程守着制作，而且非常辛苦，要能耐住高温，还要有一定的力气才能完成这一步骤。把米浆倒入锅中，点火，随着锅的温度上升，要用大锅铲不断地翻炒浆水，防止米浆粘锅糊底。在温度的作用下，大米中的淀粉开始糊化，蛋白质变性，米浆变得越来越黏稠，慢慢地逐渐凝结成粉团，再继续翻炒到粉团不沾锅底，感觉其带有一定的韧性和弹性，即可取出。

用花生油涂抹双手，将取出的粉团稍微揉搓均匀，之后分成一个个重量一样的剂子，再把剂子搓揉到光滑，再搓成一个个直径约 4.5 厘米的圆柱形生粉利。揉搓粉利过程中，手要时不时抹一点花生油，防止粉团沾手。

将生粉利一个个摆入蒸笼中，待盖着盖子的锅中水冒出大气后，将粉利放入，蒸制 50 分钟左右，蒸好的粉利变得紧致而富有弹性。

将做好的粉利放置于阴凉处，让其自然晾凉和晾干，直到表面摸起来基本没有水分，就取出来印上章。每个粉利加

工厂的章都不太一样，有些印的是“囍”字，有的是一个中国结或者几朵莲花。之后进行真空包装，等待出售。以前没有现代保存技术，粉利买回家后都要泡在冷水中保存，防止干裂。而且要看情况换水，最好一天一换，防止粉利发酵变黏，每次换水的时候，还要把粉利取出冲洗干净表面的黏滑物，这样才能让粉利保存得更好。

制好的粉利，相对于传统的米粉更方便储存，这就为热爱它的人们留出了更多美食创造和制作空间。你能想到的烹饪方法：炒、煮、蒸、炸，样样可行；火锅、干捞，各得其味。以炒粉利为例，先按个人喜好切片或切丝，备好胡萝卜、洋葱、青椒、蒜苗、芹菜等各种配料，炒制的秘诀是“大火、油足、快手”。带着“锅气”的炒粉利，用筋道爽滑的口感，让牙齿开心地磨合。

小小的雁江粉利与隆安的稻作文化密不可分，它是骆越先民稻作文化的一部分，承载着雁江厚重的历史与文化。随着稻米种植技术的发展和人们生活水平的快速提升，粉利这个特色美食已经从春节走入寻常日子里，但正是因为当地手艺人坚持不懈的制作，代代传承，才能让它存续至今，让那些让人最怀念的年味，没齿难忘。

南宁粉虫：搓制而成　寓意呈祥

广西靠山临海，食材的丰富形成了广西米粉口味的多样性。走遍广西、吃遍米粉，也成了众多游客选择游玩广西的理由之一。来到广西，“嗦”粉除了可以根据口味挑选，还可以根据米粉的形状来挑选。在广西首府——南宁，在城市深处的老街小巷子里，深藏着只有老南宁人才熟知的传统米粉。这一条条犹如小拇指大小，上下圆润晶莹剔透的粉虫，因形似虫草而得名，一般配以牛肉、猪肉杂烩烹制成炒粉虫或者粉虫汤，又或者是蒸熟之后佐以黄皮酱拌着吃。

粉虫是邕江疍家人节庆祭祀的传统食品，2021 年 5 月，南宁粉虫制作技艺凭借其悠久的历史文化内涵列入南宁市西乡塘区第六批城区级非物质文化遗产代表性项目名录。

南宁历史上曾被命名为“邕州”，简称“邕”，这与水有着不可分割的关系。南宁所处位置，河流众多，多条支流汇入主江——邕江，整个邕江则绕城而过。当年，南宁当地不少人家都是住在邕江和邕江支流八尺江（现位于邕宁区）上，浮家泛宅，靠水为生，这群人被统称为“邕宁疍家人”，其中靠邕江边生活的疍家人，上岸活动最频繁的地方就是南宁的老水街。在水上漂泊的这些疍家人，每到逢年过节的时候，

家家户户都有制米食的习惯和传统，有着精湛的米食制作技艺，经常制作凉粽、酸糟粽、千层糕、艾糍、船家咸水圆、糖糕、卷筒粉、粉饺、高粱糍等各式各样的米食，每种都有其独特的风味。而粉虫就是米食中的一种，在邕江疍家人心中有着很高的地位，是邕江疍家文化的重要载体之一。

南宁就有着这样的民谣："米虫搓开两头尖，中间藏宝千万年。有了螺丝有后代，代代齐齐祭祖先。"因为粉虫的形状，两头为尖，中间为圆形，有点像藏着个元宝，意为财源广进，食福食禄；粉虫是在簸箕上搓出来的，外表带着螺丝状的纹路，人们认为吃粉虫可繁衍后代，家族兴旺。为此逢

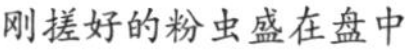
刚搓好的粉虫盛在盘中

年过节，邕江疍家人定要自己搓粉虫，春节吃粉虫，有着日进斗金、人丁兴旺的寓意；有婚事时，疍家人也会搓粉虫，一般都是娘家搓了送给女婿，寓意早生贵子；如果有孩子出生，则会用“搓粉虫”来表示生了男娃，“蒸糍粑”表示生了女娃，“炸油条”表示生了双孖仔（双胞胎）。

“头造米，磨成浆，粉虫整成十五样。”这个民谣唱的是粉虫的选料、制作方式和配料。在广西地区，一年会种植两造稻米，分别称为头造和晚造，所谓的“头造米”就是早稻米。制作粉虫要选用陈的早稻米，这样的米出浆率高，制作出来的粉虫软糯、弹口、筋道。“磨成浆”，意思是要把浸泡好洗净的米磨成米浆，米浆洁白无瑕，寓意着做人做事要清清白白。“粉虫整成十五样”，意思是粉虫的配料要搭配丰富，要够“十五样”，配韭菜（谐音九）、绿豆芽（谐音六），九加六等于十五，又有“长长久久”“六六大顺”之意。

“粉虫搓成金笔样，银笔写成粉虫状。落笔写好教后人，才子辈出有状元。”这个民谣赋予了粉虫更加深厚的寓意，也寄托了老一辈对于新一代年轻人的教导：希望年轻人做人做事要讲文德武德，要懂得孜孜不倦地学习，才有机会高中状元，收获财富。

若想在南宁市寻觅到卖正宗粉虫的老店，那么一定不能错过南宁水街的“黄阿婆玉兰粉虫店”——这是一家经历了四代人传承，有着百年历史的粉虫店。据店家介绍，她的外曾祖母一家原是邕江上以帮人渡船为生的，很多人在赶路的时候，经常顾不上吃东西，看到船上有他们自制的粉虫，总会讨来吃。原来这些粉虫都是疍家人自己做来吃不外卖的，发现讨吃的人多了，为了能补贴家用，她外曾祖母就开始搓一点粉虫卖给乘船赶路的客人们。新中国成立后，他们上岸到水街生活，还有不少人惦记着他们家的粉虫。她的外婆继承了外曾祖母的手艺，开起了自己的粉虫小店，这才有了他们店的雏形。后来这个粉虫小店从外婆传到母亲和自己的手中，母亲为了坚持粉虫制作技艺花费了很多心思和精力，还曾经经历过整个店被烧毁又重新白手起家的艰难时光。为了铭记外婆和母亲对于这份传统的坚持，店家就用外婆的名号和母亲的名字命名了现在这家店。

以前的粉虫口感相对比较普通，没有什么韧性，经过粉虫手艺人坚持不懈地改良，才有了现在吃起来带着纯正米香，又软糯爽滑、带着弹牙口感的粉虫。据店家介绍，口感好的粉虫，一定要纯手工制作，机器替代不了。以前他们也尝试过用机器批量生产粉虫，但都不尽如人意：虫子的形状不够逼真，两头圆圆的，纹路也不够清晰，而且韧性不够，很多顾客反馈不如手工的好吃，于是他们最终还是保持了手工搓制粉虫的工艺。

传统粉虫的吃法以干捞和做汤为主，是将蒸好的粉虫拌豉油或者黄皮酱、酸梅酱，配上一些汆过滚水的绿豆芽和韭菜，浇上麻油，有些人还喜欢搭配酸豆角、酸菜一同食用，开胃、好吃又饱腹；或者和肉、蔬菜等一同制作成粉虫汤粉。后来，经过粉虫手艺人的创作和反复改良才有了今天名声在外的“老友炒粉虫”。

老友炒粉虫是无数南宁人的心头好

粉虫虽然美味，但制作方法烦琐、耗时长。为了制作好的粉虫，很多粉虫店每天都是要从早忙到晚。制作粉虫前一天晚上就要泡好大米，凌晨三点便起来磨浆、蒸米浆、揉粉团、搓粉虫、蒸粉虫。这个过程不但费时，还要有匠心和毅力，很多手艺人经常一坐下搓粉虫就得花费 2 ～ 3 个小时。

首先，将籼米洗净，之后浸泡 8 小时，再磨成稀稠适宜的米浆。一般要选用陈米（早籼米）和 903 大米（新米）按一定比例混合好。用陈米和新米混合搭配，也是有讲究的。

陈米出浆率高，但是没有香味，脂肪含量低；而新米香味比较浓郁，脂肪和蛋白质含量更高，粘牙弹口性会更好。所以通过陈米和新米混合制作的粉虫才会米香味十足，并有弹口感。

其次，将米浆放到锅上蒸约 20 分钟，蒸制成半生熟，拿出来揉搓成软硬适度有韧性的粉团。现在有了机械化的设备，通常是将半生熟基本成团的米粉放入搅面机中进行搅打，再拿出来揉搓成表面光滑的粉团。

再次，将粉团搓成条状，扯下一小段在专用竹簸箕背面，反复搓几下，制作出一根根粉虫，成形的粉虫最粗的地方如小手指头般粗细，如中指般长短。而这个搓粉虫，是最考验手工的，合格的粉虫一定要两头尖中间圆才形似一条虫。每条粉虫要大小长短粗细均匀才好看，才有好卖相。此外，做粉虫的专用竹簸箕，一般选用手工编制的最好。现在大部分都是机器生产的簸箕，纹路过于浅，搓出来的粉虫纹路就不清晰，要反复用力搓才行。这个竹簸箕还需要时常更换，才能确保制作出来的粉虫样子精美、纹路漂亮。粉虫无论是炒还是干捞，都比粉利或者其他米粉更能入味，就得益于它身上那一圈圈的纹路，全靠这些螺丝般的纹路才能让各种酱汁更好地挂在上面。

最后，将搓好的粉虫置于蒸笼蒸熟（约 1 个小时）。蒸熟的粉虫洁白透亮，更加像真实的虫子，吃之前再进行烹制加工即可。

粉虫正是经历过了长时间的浸泡发酵、反复的揉搓才能形成现在这样带着韧性的口感。原始的粉虫和普通米粉一样，

南宁水街“黄阿婆玉兰粉虫店”第四代传承人周丽娜正在搓制粉虫

是洁白的颜色，但它作为承载着邕江疍家人更多祈求和盼望的文化小吃，一旦有祭祀送礼的需要，就得让粉虫看起来更丰富、好看。于是，他们就会在制作粉虫米浆的时候，加入制作五色糯米饭所用的如花米红、姜黄等药用植物提取的天然色素，这样做出来的粉虫五颜六色，更诱人更让人有食欲，

自带“纯天然”光环。尤其是端午节，邕江疍家人餐桌上必定少不了五色粉虫，以祈求早生贵子、人丁兴旺。现在更是在传统技艺的基础上进行了改革和创新，用菠菜、艾叶、火龙果、紫薯、五谷等作为原料提取天然色素，混合到米浆中一同制作粉虫，做出来的粉虫更加丰富多彩。店家甚至根据民间传说七仙女的故事，创制了七彩粉虫，有赤橙黄绿青蓝紫七种颜色，摆成圆形花状，让粉虫像七仙女、七色花这么漂亮，提高了粉虫的营养价值，赋予了粉虫新的养生价值，也迎合了现代年轻人喜欢漂亮食物的心态。

创新制作的七彩粉虫如同七色花一般绚烂

如今，粉虫吃法越来越多了，干捞、煮汤、炒制都可以，但最受大家欢迎的依旧是老友牛肉或猪肉炒粉虫。老友炒粉虫很讲究“锅气”和烹制技巧，先热锅和油，放入蒸熟的粉虫翻炒到软，倒出备用，热锅加入酸笋翻炒去掉酸笋水味，放入酸辣椒、蒜米和豆豉等老友料加油炒制，随后加入瘦肉或者猪杂爆香，再加入红萝卜丝、豆芽或者韭菜翻炒调味，倒入之前热油炒过的粉虫，在锅里反复兜几次，起锅，一碟地道的老友炒粉虫就好了。栩栩如生的粉虫上包裹着满满的老友汁，又软又爽滑又筋道，再配着酸辣可口的菜、鲜香的肉，弹牙、韧滑的口感，菜香和肉味的交织，胃里的馋虫在这碟粉虫前已经“溃不成军，一败涂地”。顾客每次吃老友炒粉虫，还会再配上一碗鸭血汤，吃几口粉虫，再喝上一口暖暖的汤，老友的酸辣鲜爽口、粉虫的耐嚼好咽的质感和汤的鲜美滋味，同时在味蕾中绽放，那种感觉只有吃过才知道。

一碟粉虫盛满了老南宁的酸咸香辣，它既是邕江疍家人的历史传承，也是广西米粉的文化符号。这一条条小小的粉虫，在时间的长河里烙下印记，成为多少南宁人浓浓乡情。

浇头为主 粉做配角

玉林牛腩粉：牛腩配肉丸　一碗不过瘾

郁江滚滚，玉林葱葱。玉林——这一座有着 2000 多年历史的岭南都会、千年古州，气候宜人，胜景如林，如“岭南美玉”一般温润安详。而千年沉淀下来的客家文化以及“牛”文化孕育了勤奋、朴实、风趣的玉林人民。从村落、街道的命名，到饮食取材、用料、口味，再到民间传唱的“牛戏”，“牛”贯穿了玉林人民生产、生活、习俗的方方面面。玉林气候温和，雨量充沛，土地肥沃，适宜农业经济发展。北宋年间，南流江成为广西食盐、粮食漕运的重要运输干线，运输通道是从合浦港溯南流江而上。玉林成为两广食盐的储藏和转运中心。得益于这个便利的运输通道，玉林派生出金融、加工服务等多种商业模式。最终，先天的种植优势和后天的经济发展，为玉林美食文化的发展创造了有利的条件，融合共生出如今玉林本地的美食特色，“千州万州郁林州，甘香酥脆满嘴油”。

在“甘香酥脆”的玉林美食中，就有一道跟米粉相关的、遍及玉林大街小巷的美食——牛腩粉。

2021 年，玉林牛腩粉制作技艺列入玉林第六批市级非物质文化遗产代表性项目名录，正式成为市级的非物质文化遗产。玉林牛腩粉是在煮熟的细米粉中加入调制好的熟牛腩做佐料的一种主食。在玉林，随处可以吃上一碗鲜香滚热的牛腩粉，很多玉林人的一天就从这一碗牛腩粉开始。

玉林牛腩粉，20 世纪 40 年代就开始在玉林当地盛行，之后遍及两广地区。在玉林当地，有些牛腩粉店生意火爆，每次去都要排队才能吃到。在煮好的细米粉里，加上牛腩、肉丸和一把葱花、炸花生粒，浇上牛腩汁和一勺热乎乎的牛骨汤（有些店也会多加入一小勺自家特调的浓稠酱膏），再淋上少许熬制牛腩的香油或者一点花生油，一碗鲜美诱人的牛腩粉就好了。传统玉林人开的店里还会配有酸辣椒、泡椒、酸萝卜、辣椒酱等给食客自己选择。吃之前，先用筷子拌一下，再夹起米粉，猛地一“嗦”，鲜美的汤汁伴着嫩滑的米粉，填满整个口腔，再嚼上一块软糯带着韧劲的牛腩，吃一口弹滑的肉丸，咸鲜香甜，让人直呼上头，不一会儿，就把粉和肉

米粉配上软糯中带着韧劲的牛腩和弹滑的肉丸

都吃光，汤也喝得差不多了，依旧意犹未尽，直让人想把碗底残留的那点汤也舔干净。

一碗正宗的牛腩粉的粉，并不是用市面常见的鲜湿切粉或者圆粉，而是要用玉林当地产的干细米粉，当地又叫粘米粉。这个干细米粉是以陈年大米为主要原料，经过洗米、浸泡、磨浆、过筛、沥水、揉团、榨制、干燥等生产工序加工而成的圆线形的干米粉制品。米粉使用前先焯一下热水，待米粉煮到六成熟左右，即变白还微微透明，立刻取出来过冷水沥干，备用。用时抓起一把，丢入捞篱中，放到一直微微滚着的热水锅中，待米粉变白变软（已烫熟）后，捞起沥水，倒进碗里就可以加牛腩了。这种米粉米香味很明显，吃起来软滑、糯口，带着一点点韧性，不像柳州螺蛳粉那么弹牙，有种似断未断的感觉。

玉林当地的牛腩粉的标配除了牛腩还会有肉蛋，肉蛋也是当地的特色小吃之一，也就是玉林肉丸。玉林肉丸一般是用牛的后腿肉或者精瘦肉为主料，先剔筋去膜、切片，之后用木槌（不能用铁锤）反复地捶成不粘手的肉浆，这个过程有点像潮汕手打牛肉丸的制作过程。再加入调料等搅拌均匀，接着反复地摔打，直到肉丸带有一定的收缩性，之后做成丸子的形状，放入 50 摄氏度的温水中，加热至微沸，待肉丸浮起，捞出放到容器中即可。成品肉丸外观带点暗灰色，口感又松又脆，细嚼起来没有渣，香滑，味道鲜美，而且特别有弹性，要是从高处扔下，可弹起 10 ～ 20 厘米。

牛腩，是这个米粉当之无愧的主角。焖牛腩本就是玉林当地的家常菜，需要经过选料、烫煮、切片、煸炒、焖煮这 5 个制作步骤。其中选料是关键。极品牛腩，料要选用玉林当地水牛或者黄牛的牛白腩，也就是爽腩，口感要比一般牛腩更丰富，价格却比坑腩贵。它有三层，一层皮、一层肉、一层胶质，肉是包裹在中间的。这种牛腩肉，焖煮后吃起来会带着非常丰富的口感，一口下去韧、软、糯、绵、弹、滑全部呈现出来，肉还带点紧实感，肥瘦刚好，完全不腻，让人忍不住竖起大拇指“点赞”。现在很多牛腩粉店，为了节约成本，不会单独选用牛白腩，而是什么腩都一起炖煮，所以会吃牛腩粉的人去点餐，都会提醒老板选牛白腩。

好吃的牛腩烹制过程有很多讲究，除了选料要好，烹煮过程和调味也非常关键。若烹制时间把握不好，牛腩变得难嚼，不入味，或者过于软烂，都会影响口感；选择的调味品和香料不对或者比例不当，制作出来的牛腩和牛腩汁不但会带有膻腥之味，色泽也不够漂亮，汤汁更达不到鲜香适宜、回味回甘。将选好的牛腩，用刀剔除掉废料、油脂、污迹、毛发，分块，放入清水中洗净表面血水。在沸水锅中加入姜和料酒，有些传统老店还会加入番石榴叶，放入牛腩汆水 20 ～ 30 分钟，去除腥味和血水，捞起过冷水沥干备用。之后切成小块丁状，锅中热油，放入姜片、腐乳、十三香等调味料炒香。放入牛腩先猛炒至收水，加入黄糖，当地产的白酒和米醋、酱油、蚝油、柱侯酱、柠檬酱等调味料进行调味，再加入丁香、桂皮、小茴香、八角、陈皮、草果、甘草、干沙姜、山黄皮粉等香料加水，大火煮 10 分钟，再转文火焖煮

至牛腩软烂（或是直接用高压锅压制），起锅前加盐调味。传统玉林牛腩的调味，用的一定是当地产的“晒油”和“豉油膏”，当地人认为这 2 个调味品做出来的牛腩才正宗，得到的牛腩汁也才最纯正。这个“晒油”就是古法制作的酱油，在当地已有 500 多年的历史，以陆川县乌石镇产的“晒油”最为出名，乌石酱油酿造技术在 2020 年列入第八批自治区级非物质文化遗产代表性项目名录。这种“晒油”是用黄豆天然发酵而成，要经历煮、拌、发酵、缸晒等数十道工序，尤其“晒”的过程长达近一年，比现代化加工生产的酱油需要更久的时间，所以当地又叫它“晒油”。成品为酱棕红色，汁透亮，味道比普通酱油更加醇香、鲜美，还带有微微的天然甜味。而“豉油膏”，当地又叫作酱油膏，最常用和最出名的是产于玉林福绵区樟木镇的豉油膏。它是用黑豆自然发酵后，再与糖、盐、水熬炼而成的棕黑色油膏状调料，制作过程没有添加额外的香料，却自带一种特殊的浓香，在当地经常被用来焖肉、焖鱼，做豉油排骨等。豉油膏除了给食品增香增味，还能增色，有点类似老抽的用法，但是比老抽味道更重，质地更浓稠。博白豉膏制作技艺 2018 年也列入第七批自治区级非物质文化遗产代表性项目名录。

玉林牛腩粉的另一个关键法宝，就是那口骨头汤，需要熬煮的时间够久，香料配比合理。一般是选用猪筒骨和牛骨一同熬制而成。先将骨头洗干净，放入冷水中，加入姜和料酒、一点米醋，大火烧开，去掉浮沫后，取出备用。再将骨头放入冷水中煮沸，调小火，加入老姜、白酒、香料包（罗汉果、桂皮、八角、甘草、陈皮、香叶等）熬制 5 个小时，调味起锅。好的骨头汤，是不会添加高汤料或者鸡精、味精这些增鲜剂的，味道全靠骨头和香料混合熬出来。这样的汤不但味道鲜美，而且和牛腩汁搭配在一起，让人越喝越想喝。

现在很多牛腩粉店，除了有牛腩、肉蛋给食客们选择外，为吸引顾客，还会用牛腩汁一同熬制卤蛋、牛脾，同时提供扣肉、牛巴等，让食客在一碗粉里就能吃到不同样式的肉类，这种满满蛋白质的扎实感，可以填满很多人忙碌后的内心。

其实，玉林牛腩粉早已不是一个仅停留在大街小巷里的名小吃了。2017 年，玉林冯老龟食品有限公司就开始了袋装牛腩粉的生产，袋装玉林牛腩粉早已销售到全国各地，更是玉林当地人的送礼佳品。2020 年 12 月，玉林牛腩粉产业园正式开工，将分四期进行建设，占地超过 1500 亩。产业园内设计有“一街两基地”，所谓的“街”是牛腩粉文化和旅游观光等一体化的特色商业街，“两基地”分别为仁厚总部基地及仁东原料生产基地，目的是打造出一个完整的工业化、标准化、规模化的玉林牛腩粉发展产业链。有广西玉林邝氏牛巴食品有限责任公司、玉林老芳食品有限公司、曾廿四食品有限公司等十多家企业生产预包装牛腩粉。

牛腩粉是玉林千百年美食文化历史当中不可缺失的重要组成部分。因为这一口鲜香的牛骨汤、这一块火候适宜的牛腩、这一丸香滑脆口的肉蛋，是烙印在玉林人心中家的味道、根的味道，亦可以成为异乡人、美食客值得一尝，尝过难忘的美食记忆。

钦州猪脚粉：闻到猪脚粉　神仙也打滚

千年前，一代文豪苏东坡振臂一呼，“无肉令人瘦，无竹令人俗”，由此，爱吃肉的各界美食家就如同有了一把尚方宝剑，凡挡我辈食肉者，皆可搬出东坡先生，“以理服人”。因此，在一个沿海城市能吃上一碗酣畅淋漓的肉粉，更会让肉食客们产生一种英雄惜英雄的豪迈气概：原来海边的人吃粉不配海鲜，配的是猪脚啊！是的，如此“肉力十足”的魔力召唤，就是来自钦州猪脚粉。

俗话说：“没吃过猪肉，总见过猪跑吧？”猪脚在广西各地的米粉吃法中，始终以一种金牌配角的身份存在，只有在钦州，它终于“咸鱼翻身”，当上了最佳主角。在当地有句俗话说：“闻到猪脚粉，神仙也打滚。”猪脚粉是钦州的招牌美食，在当地有非常多不同品牌的餐饮店，也是当地开得最多的米粉店，可以说百米之内都能寻到一家。就是这样一个单以猪脚为主打的粉，虏获了众多广西人的心。在2016年，钦州猪脚粉制法经钦州市政府批准列入第四批市级非物质文化遗产代表性项目名录。

钦州猪脚粉看起来很简单，和其他广西知名的米粉相比，可以说是朴实无华，但是米粉的汤汁浓香，经过特殊技巧烹

软糯入味的猪脚是这碗粉的绝对主角

煮的猪脚，皮肉里吸收了满满的卤汁，一口下去唇齿留香，咸鲜味十足，而猪脚皮又带着微微的韧性，猪脚肉软烂，配上一口米粉，让人直呼过瘾。现在，钦州猪脚粉经过时间的沉淀，已经形成了两个派别的风味。一种是比较传统的风味，特点是炖猪脚的时间更长，皮稍软烂而微腻，适合喜欢吃到肉的油腻或者年长的食客；另一种是升级改良过的，猪脚卤前油炸，炖的时间缩短，吃起来猪脚是皮脆而不腻的，适合喜欢清淡的食客，尤其是年轻人。

钦州猪脚粉的历史其实并不长，有人说是起源于新中国成立前，这个是不太可能的，而且在明清及民国时期的钦州官方资料里，也没有寻找到任何关于猪脚粉的文字记载。不论是民国时期还是新中国成立初期，猪脚对于寻常人家来说都是奢侈品，可望而不可即。新中国成立初期，钦州的经济并没有这么发达，能在过年吃上肉就很幸福了，平时都是用肥猪肉煎油来炒菜，不可能这么容易吃到大块的猪肉。直到20世纪80年代初，个体工商户出现，整体社会经济越来越好，钦州的商业区一马路和中山路也繁华红火起来，每天行人络绎不绝。有些商户就开始把大家不喜欢买的、不好制作的猪脚采购回来，砍成一块块后红烧并进行销售，再配上自产的米粉或者米酒，大受当地人的欢迎，慢慢地有些粉店开始选择将猪脚放入米粉的加料名单里，这个就是钦州猪脚粉的雏形。自此之后，猪脚粉店如雨后春笋般开遍了钦州市，并开始扩张到广西各个地方。

一碗猪脚粉好不好吃，主要取决于汤底和猪脚，这个汤底和猪脚相辅相成，互相搭配，缺一不可。米粉反而是里面的配角，想吃什么粉，汤粉还是干捞，全凭顾客的喜好。在钦州当地猪脚粉店最常提供的是细粉、大粉和卷粉，每种粉吃起来感觉不同。细粉是细长的圆粉，通常配汤吃，因为细，吸收汤汁速度快，泡汤里太久容易软烂，韧劲不够好，所以吃的时候速度要快一点；大粉是切成两指宽的粉段，比常见的切粉更宽更薄一些，较软韧，捞起来的时候能包裹起很多汤汁，吃起来特别可口；卷粉一般都是提前切成一段一段，比较软糯，想吃干捞粉，都会选择它，带着猪脚的卤汁一起入嘴，滋味最足。

钦州猪脚粉里的主角——猪脚，其实和大家理解的猪脚还不一样。钦州人把猪的前腿叫猪手，后腿称为猪脚。这个猪脚包括了猪肘与猪蹄的整个后腿，又细分为瘦肉、大骨、猪蹄、脆肉、二胴骨，每一个部位吃起来的感觉都是不同的。在钦州常吃猪脚粉的人，都会选择二胴骨，因为二胴骨皮脆肉香，口感最好。

猪脚粉除了猪脚是灵魂外，好的汤也是保证米粉美味的关键。在钦州猪脚粉刚刚兴起的年代，食客去吃粉，热情的店主都会先盛一小碗汤给顾客，顾客要是觉得汤好，就会留下来继续吃粉，要是觉得汤不鲜，也可以马上走人不吃。这个汤，一般是以猪骨头为主料熬制而成的，熬制的时间至少要 4 个小时。很多猪脚粉店都有自己的秘制配方，会在骨头汤中增加鸡架、牛骨、香料等一同熬制，起到提鲜作用，所以每家熬制出来的汤的味道都不同。钦州人吃猪脚粉，还非常讲究喝头道汤，他们觉得早上七八点钟熬出来的骨头汤最为美味，时间久了味道就变了，没有这么好吃了，所以很多钦州当地人都喜欢大清早去吃猪脚粉。

钦州本地的猪脚粉不像我们在外地吃到的这么简单，很多店家还会在店里摆上芋蒙（芋苗）、酸菜、酸笋、辣椒等配菜给顾客选择，如果吃着猪脚觉得腻，吃上一口酸辣可口的配菜，绝对会让人更加开胃。

作为主角，钦州猪脚粉里的猪脚要完美登场，实属不易，制作品质好的猪脚需要花比较长的时间。

第一个关键是，选择新鲜的、质量上好的当地产的猪脚。

在前一天晚上把猪脚处理好，先用火去掉猪脚表面的毛，用炭火或者火枪均匀烧烤至猪皮变成焦黑色、变硬，再用刀刮净皮上的杂质和烧焦的部分，敲掉猪蹄的硬甲壳，再放入凉水降温。之后使猪脚入锅煮至六七成熟，去除肉腥及减少肥腻，捞起备用。为了确保能在大清早开摊前将猪脚烹熟，凌晨三四点钟，店家就要起来忙碌了，把酱油（或麦芽糖）均匀涂抹到猪脚表皮进行上色，接着用特制的倒刺在猪皮上扎上小孔，让猪蹄更好地排油去腻、入味。待油锅烧至六七成热，放入猪脚炸至猪皮起皱后捞起沥干并斩件。这个炸非常讲究，火候要掌握好，猪皮表面要炸得均匀、金黄微脆，不能过久，否则肉会柴。随后在锅里加入清水（一般以刚好盖过猪脚为好）及草果、茴香、陈皮、桂皮、丁香、胡椒、香叶、甘草、沙姜、八角，把水烧开（煮好后就是猪脚卤汁），再放入猪脚，用大火烧开后再用小火慢炖 40 ～ 60 分钟至入味即可。这个炖猪脚的时间一般由各店家自己掌控，因为猪脚的口感与炖煮的时间长短有关，皮软则时间要长，皮韧则时间要短，若是要制作软烂好啃的猪脚，炖的时间需要至少 2 个小时。

第二个关键便是熬制骨头汤。这个相对比较简单。将猪筒骨、牛骨、鸡架骨清洗干净，焯水捞出，再把猪筒骨、牛骨、鸡架骨放入清水中大火烧开，加入干炒过的八角、香叶、草果等香料，用文火煲煮 2 ～ 3 个小时，加入盐、料酒等调味即可。

吃的时候，可以选一块自己喜欢的猪脚部位，让老板烫好米粉，浇上骨头汤，淋上一点猪脚卤汁，再撒上一把葱花、香菜，加入自己喜欢的配菜，这样一碗热腾腾的带着纯正钦州风味的猪脚粉便呈现出来了。

如今在钦州，当地米粉的种类非常多，烫粉、煮粉、卷粉、砂煲粉、叉烧粉、烧鸭粉、生料粉、鱼粉……你能想到的粉这里都有。但是，还是只有这一碗猪脚粉，最能牵起钦州人心头记忆。

附录

项目简介

米粉制作技艺（桂林米粉制作技艺）

国家级非物质文化遗产代表性项目

项目序号：1523
项目编号：Ⅷ-277
公布时间：2021年（第五批）
类别：传统技艺
类型：新增项目
申报地区或单位：广西壮族自治区桂林市
保护单位：桂林市戏剧创作研究院
（桂林市非物质文化遗产保护传承中心）

桂林米粉是分布于广西桂林市及下辖各市县区、各民族间的传统风味小吃，主要以卤菜粉为代表。桂林一带是广西重要的稻作区，人们很早就有将大米制成米粉食用的习惯。据《灵川县志》记载，元至正年间（1341—1368），桂林湘桂古商道上即有“米粉店村”出现。明嘉靖十年（1531 年），桂林米粉首次载入地方志《广西通志·饮馔属》。

其技艺主要包括鲜粉生产、卤水熬制、配菜制作、调制出品等。选大米为原料制成鲜湿米粉，经涮锅、沥水，配之牛肉、锅烧、黏贴、牛肚等卤菜，淋上秘制卤水，再加黄豆、香菜、葱蒜调和而成。粉“鲜”、卤“奇”、菜“精”、料“多”为桂林米粉四绝。优质稻米经泡、磨、滤、揣、舂、榨等工序制成鲜湿粉，洁白柔滑、新鲜爽嫩。用罗汉果等桂林特产加八角、桂皮、茴香、沙姜等数十种香辛中药材经祖法熬制的原汁卤水，醇香回甘、浓而不咸、鲜而不腻。多款配菜精烹细作，牛肉鲜松、锅烧酥脆、黏贴细嫩、牛肚爽口、黄豆清香，口味互补且营养均衡。整套技艺从食材、工序、配方、用量、火候、温度到烹饪技法均非常讲究。

桂林米粉制作技艺是岭南稻作民族智慧结晶、民族文化融合的载体。因历史底蕴深厚、鲜榨工艺精湛、调味技法独特、食材配置科学、烹饪方式多元，在各类米粉中独树一帜。传承与保护该项目对丰富中国饮食文化、保存和研究中国烹饪技艺和历史沿革具有极其重要的历史意义和时代价值。2021 年 5 月，经国务院批准，桂林米粉制作技艺列入第五批国家级非物质文化遗产代表性项目名录。

◆ 米粉制作技艺（柳州螺蛳粉制作技艺）

国家级非物质文化遗产代表性项目

项目序号：1523

项目编号：Ⅷ－277

公布时间：2021 年（第五批）

类别：传统技艺

类型：新增项目

申报地区或单位：广西壮族自治区柳州市

保护单位：柳州市群众艺术馆

以米粉为底料，将螺蛳（石螺）熬成汤，再辅以酸笋等配料的烹制技艺，因源于广西壮族自治区柳州市而得名。柳州人食用、加工制作螺蛳、食用酸笋及米粉的历史源远流长，从考古发现和历史文献中可得到证实。从考古遗迹看，柳州历代先民都有食用螺类的传统。《徐霞客游记》中有关于柳州人“竟不买米，俱市粉饼食”的记载，表明当时柳州已有喜食米粉之俗。据清乾隆《柳州府志》卷十二《物产》记载的“笋有甘苦二种，惟三月间，有蒲竹及筋竹笋，以盐、滚水煮之，用火烘干”可知，当地种植和食用竹笋的历史悠久，清代已根据竹笋的特性进行加工食用。

螺蛳汤制作是整个技艺的关键。选拇指大小石螺为宜，肉质肥美鲜甜。石螺焯水后用铁锅干炒出味，再以十几种香料猛火爆炒 3 分钟，使螺吸足前香，加水没螺，文火收汁，吸足后香，让螺的鲜味更浓。加水再与猪筒骨和茴香、紫苏等大料一起熬煮，最后将汤底冲入辣椒油，文火调制而成螺蛳汤。米粉用隔年糙米和新出油粘米混合，研磨成米浆制成米团，压榨成米粉晒干备用。酸笋选用鲜嫩春笋，经浸泡自然发酵而成。食用时，将干米粉泡水煮软，沥水后加螺汤，配以酸笋、酸豆角、花生、木耳、黄花菜等后食用。柳州螺蛳粉以酸、辣、鲜、爽、烫为口感。

柳州螺蛳粉制作技艺丰富了中国稻米食用方式，是南方民族嗜酸、食螺传统的体现。具有一定的民族科技史价值。2021 年 5 月，经国务院批准，柳州螺蛳粉制作技艺列入第五批国家级非物质文化遗产代表性项目名录。

传承人小传

扫码看视频

梁志强 LIANG ZHIQIANG

桂林米粉制作技艺自治区级代表性传承人

梁志强，男，汉族，1954 年生，广西桂林市人。2021 年 5 月，经国务院批准，米粉制作技艺（桂林米粉制作技艺）列入第五批国家级非物质文化遗产代表性项目名录。2021 年 12 月，经广西壮族自治区人民政府批准，梁志强被认定为第七批自治区级非物质文化遗产代表性传承人。

梁志强从事桂林米粉制作已有五十年，他一直坚持守护地道桂林味道，弘扬传统米粉文化，协助桂林米粉制作技艺申报国家级非物质文化遗产代表性项目，为桂林米粉传统技艺的传承和发展作出了贡献。现其培养的徒弟已经有三代以上，人数超过千人。

1973年，梁志强入职桂林市饮食公司合作总店（杏春园）米粉店担任学徒。随桂林老字号“麻记”的麻强、“艳香居”的石家斌、“又益轩”的洪顺英、原汤粉的莫师爷等名师，系统地学习了桂林米粉制作技艺。数十年如一日的潜心钻研，梁志强不但对传统桂林米粉技艺进行了提升，还研发出了多种既保留了传统味道又符合时代特点的新品类。他独家研制的卤水香醇回甘，浓而不咸，鲜而不腻，回味甘鲜，令人齿颌留香。除了会制作最具代表性的桂林卤菜粉外，梁志强还擅以鲜榨粉为原料，加不同辅料用冒、拌、煮、炒等烹饪手法制成马肉粉、原汤粉、生菜粉、牛腊（牛腩）粉、酸辣粉、鼎汤上素粉、鼎汤山珍粉、伏波素卤粉等不同样式的桂林米粉。尤其是鼎汤上素粉，是比较老式的桂林米粉，很多年轻一辈都未曾品尝过，以前主要用于供给素食群体，尤其是寺庙僧人，现在市面上很难见到了。

2017年8月，梁志强成为桂林米粉专家组成员，参与制定桂林米粉行业专项技能规范，受到桂林市餐饮烹调协会的认可。广西壮族自治区成立60周年之际，梁志强荣获广西烹饪餐饮行业协会授予的“卓越成就奖”，现受聘于桂林旅游学院，担任烹饪专业行业导师。

张泰华 ZHANG TAIHUA

柳州螺蛳粉手工制作技艺自治区级代表性传承人

张泰华，男，汉族，1967 年生，广西柳州市人。2021 年 5 月，经国务院批准，米粉制作技艺（柳州螺蛳粉制作技艺）列入第五批国家级非物质文化遗产代表性项目名录。2019 年 12 月，经广西壮族自治区人民政府批准，张泰华被认定为第六批自治区级非物质文化遗产代表性传承人。

现为柳州市螺蛳粉协会常务副会长的张泰华曾是柳州市艺术学校的副校长，荣获过自治区级、市级“优秀教师”等称号。因深爱家乡美食柳州螺蛳粉，并有着对传承和发展柳州螺蛳粉制作技艺的责任和信念，他从一名艺术从业者改行为一名厨师。

2007 年开始，张泰华到 1985 年成立的一家老牌柳州螺蛳粉店学习螺蛳粉制作技艺，从此与柳州螺蛳粉结下了不解之缘，成为柳州螺蛳粉制作技艺的传承人和推动者。2010 年，他正式获得这家老牌柳州螺蛳粉店的独立经营权。

张泰华深知传统美食要蓬勃发展需要不断地创新。十五年来，他在坚持保持正宗传统螺蛳粉味道的基础上，对其品质进行改良，并创新发展出了更多品种的螺蛳粉，包括开发出了营养螺蛳粉系列，将原有的米粉换成了葛根米粉、玉米米粉、荞麦米粉等；创新了螺蛳粉的种类，如鸳鸯螺蛳粉、五彩螺蛳粉等。同时他将食品工业标准化、规范化的理念，引入螺蛳粉的制作过程。

身为柳州螺蛳粉手工制作技艺自治区级代表性传承人，张泰华一直以身作则，积极参加广西的各类美食节、传统小吃技能比赛，不断宣传、推广柳州螺蛳粉的制作技艺；还与柳州市城中区文化馆共同开展“让世界爱上螺蛳粉——2021 年城中区文化馆研学实践教育基地‘柳州螺蛳粉制作技艺’研学活动”，向柳州市 12 所中学及小学的学生普及柳州螺蛳粉的历史文化、发展历程以及制作技艺。除此之外，张泰华不定期为农民工传授柳州螺蛳粉制作技艺，开展各类公益性的宣传柳州螺蛳粉手工制作技艺的培训。迄今为止，他授徒人数达四百多人，培训一千多人次，为柳州螺蛳粉制作技艺的传播、推广发挥了重要的作用。

黄天玲 HUANG TIANLING

南宁生榨米粉制作技艺自治区级代表性传承人

黄天玲，女，壮族，1967 年生，广西南宁市人。2016 年 11 月，经广西壮族自治区人民政府批准，南宁生榨米粉制作技艺列入第六批自治区级非物质文化遗产代表性项目名录。2019 年 12 月，经广西壮族自治区人民政府批准，黄天玲被认定为第六批自治区级非物质文化遗产代表性传承人。

黄天玲从事南宁生榨米粉制作已经超过四十年，始终坚持手工制作。她所掌握的生榨米粉制作技艺为家族传承，她是第四代传承人，目前已传承到第五代。她为保护、推广和传承南宁生榨米粉制作技艺作出了贡献，培养的徒弟已有上千人。

1980年，黄天玲就开始和自己的母亲邝维爱学习南宁生榨米粉制作，她在传统技艺的基础上不断创新与开发，并在南宁水街创办了特色品牌“古源香天天生榨米粉”，还开办广西首个生榨米粉中央厨房，始终坚持传统配方，手工烹制。

黄天玲积极组织和推动南宁生榨米粉制作技艺申报市级、自治区级非物质文化遗产代表性项目。黄天玲积极参与制定了广西烹饪餐饮行业协会在2016年发布的《十大广西特色米粉制作标准》，完成了关于南宁生榨米粉制作技艺的标准制定。

她烹饪的生榨米粉被广西烹饪餐饮行业协会认定为“广西名小吃”。她多次参加各类美食节、南宁市传统小吃技能比赛及生榨米粉宣传推介活动；担任多届南宁市和城区举办的生榨米粉操作技能比赛评委；积极参与南宁市及城区组织的生榨米粉“师带徒”培训活动，到中高职院校宣传生榨米粉的文化和技艺，为广西培养了一批又一批生榨米粉制作人才；同时助力创业人才，为愿意从事生榨米粉经营的创业学生，免费给予技术支持。

正是黄天玲的不懈努力与坚持，才让南宁生榨米粉的历史、文化、技艺得到了更深的挖掘、传承和弘扬，让这个传统米粉被更多人了解。

广西国家级非遗代表性项目名录

序号	名称	类别	公布时间	保护单位
1	布洛陀	民间文学	2006 年（第一批）	田阳县文化馆
2	刘三姐歌谣	民间文学	2006 年（第一批）	河池市宜州区刘三姐文化传承中心
3	壮族嘹歌	民间文学	2008 年（第二批）	平果县民俗文化传承展示中心
4	密洛陀	民间文学	2011 年（第三批）	都安瑶族自治县文化馆
5	壮族百鸟衣故事	民间文学	2014 年（第四批）	横县文化馆（横县非物质文化遗产保护中心）
6	仫佬族古歌	民间文学	2021 年（第五批）	罗城仫佬族自治县文化馆
7	侗族大歌	传统音乐	2006 年（第一批）	柳州市群众艺术馆
8	侗族大歌	传统音乐	2006 年（第一批）	三江侗族自治县非物质文化遗产保护与发展中心
9	多声部民歌（瑶族蝴蝶歌）	传统音乐	2008 年（第二批）	富川瑶族自治县文化馆
10	多声部民歌（壮族三声部民歌）	传统音乐	2008 年（第二批）	马山县文化馆
11	那坡壮族民歌	传统音乐	2006 年（第一批）	那坡县文化馆
12	吹打（广西八音）	传统音乐	2011 年（第三批）	玉林市玉州区文化馆
13	京族独弦琴艺术	传统音乐	2011 年（第三批）	东兴市文化馆

续表

序号	名称	类别	公布时间	保护单位
14	凌云壮族七十二巫调音乐	传统音乐	2014年（第四批）	凌云县文化馆
15	壮族天琴艺术	传统音乐	2021年（第五批）	崇左市群众艺术馆
16	狮舞（藤县狮舞）	传统舞蹈	2011年（第三批）	藤县文化馆
17	狮舞（田阳壮族狮舞）	传统舞蹈	2011年（第三批）	田阳县文化馆
18	铜鼓舞（田林瑶族铜鼓舞）	传统舞蹈	2008年（第二批）	田林县文化馆
19	铜鼓舞（南丹勤泽格拉）	传统舞蹈	2014年（第四批）	南丹县非物质文化遗产保护传承中心
20	瑶族长鼓舞	传统舞蹈	2008年（第二批）	富川瑶族自治县文化馆
21	瑶族长鼓舞（黄泥鼓舞）	传统舞蹈	2011年（第三批）	金秀瑶族自治县文化馆
22	瑶族金锣舞	传统舞蹈	2014年（第四批）	田东县文化馆
23	多耶	传统舞蹈	2021年（第五批）	三江侗族自治县非物质文化遗产保护与发展中心
24	壮族打扁担	传统舞蹈	2021年（第五批）	都安瑶族自治县文化馆
25	粤剧	传统戏剧	2014年（第四批）	南宁市民族文化艺术研究院（南宁市戏剧院、南宁市非物质文化遗产保护中心）
26	桂剧	传统戏剧	2006年（第一批）	广西壮族自治区戏剧院
27	采茶戏（桂南采茶戏）	传统戏剧	2006年（第一批）	博白县文化馆
28	彩调	传统戏剧	2006年（第一批）	广西壮族自治区戏剧院

续表

序号	名称	类别	公布时间	保护单位
29	壮剧	传统戏剧	2006 年（第一批）	广西壮族自治区戏剧院
30	侗戏	传统戏剧	2011 年（第三批）	三江侗族自治县非物质文化遗产保护与发展中心
31	邕剧	传统戏剧	2008 年（第二批）	南宁市民族文化艺术研究院（南宁市戏剧院、南宁市非物质文化遗产保护中心）
32	广西文场	曲艺	2008 年（第二批）	桂林市戏剧创作研究院（桂林市非物质文化遗产保护传承中心）
33	桂林渔鼓	曲艺	2014 年（第四批）	桂林市群众艺术馆
34	末伦	曲艺	2021 年（第五批）	靖西市文化馆
35	抢花炮（壮族抢花炮）	传统体育、游艺与杂技	2021 年（第五批）	南宁市邕宁区文化馆（南宁市邕宁区广播影视站）
36	竹编（毛南族花竹帽编织技艺）	传统美术	2011 年（第三批）	环江毛南族自治县非物质文化遗产保护传承中心
37	贝雕（北海贝雕）	传统美术	2021 年（第五批）	北海市恒兴珠宝有限责任公司
38	骨角雕（合浦角雕）	传统美术	2021 年（第五批）	合浦金蝠角雕厂
39	壮族织锦技艺	传统技艺	2006 年（第一批）	靖西市文化馆
40	侗族木构建筑营造技艺	传统技艺	2006 年（第一批）	柳州市群众艺术馆
41	侗族木构建筑营造技艺	传统技艺	2006 年（第一批）	三江侗族自治县非物质文化遗产保护与发展中心

续表

序号	名称	类别	公布时间	保护单位
42	陶器烧制技艺（钦州坭兴陶烧制技艺）	传统技艺	2008年（第二批）	广西钦州坭兴陶艺有限公司
43	黑茶制作技艺（六堡茶制作技艺）	传统技艺	2014年（第四批）	苍梧县文化馆
44	米粉制作技艺（柳州螺蛳粉制作技艺）	传统技艺	2021年（第五批）	柳州市群众艺术馆
45	米粉制作技艺(桂林米粉制作技艺)	传统技艺	2021年（第五批）	桂林市戏剧创作研究院（桂林市非物质文化遗产保护传承中心）
46	龟苓膏配制技艺	传统技艺	2021年（第五批）	广西梧州双钱实业有限公司
47	壮医药(壮医药线点灸疗法)	传统医药	2011年（第三批）	广西中医药大学
48	京族哈节	民俗	2006年（第一批）	东兴市文化馆
49	三月三（壮族三月三）	民俗	2014年（第四批）	南宁市武鸣区文化馆
50	瑶族盘王节	民俗	2006年（第一批）	贺州市群众艺术馆
51	壮族蚂蜗节	民俗	2006年（第一批）	河池市非物质文化遗产保护中心
52	仫佬族依饭节	民俗	2006年（第一批）	罗城仫佬族自治县文化馆
53	毛南族肥套	民俗	2006年（第一批）	环江毛南族自治县非物质文化遗产保护传承中心
54	壮族歌圩	民俗	2006年（第一批）	南宁市民族文化艺术研究院（南宁市戏剧院、南宁市非物质文化遗产保护中心）
55	苗族系列坡会群	民俗	2006年（第一批）	融水苗族自治县文化馆

续表

序号	名称	类别	公布时间	保护单位
56	壮族铜鼓习俗	民俗	2006 年（第一批）	河池市非物质文化遗产保护中心
57	瑶族服饰	民俗	2006 年（第一批）	南丹县非物质文化遗产保护传承中心
58	瑶族服饰	民俗	2006 年（第一批）	贺州市群众艺术馆
59	瑶族服饰	民俗	2014 年（第四批）	龙胜各族自治县文化馆
60	农历二十四节气（壮族霜降节）	民俗	2014 年（第四批）	天等县文化馆
61	宾阳炮龙节	民俗	2008 年（第二批）	宾阳县文化馆
62	民间信俗（钦州跳岭头）	民俗	2014 年（第四批）	钦州市非物质文化遗产传承保护中心
63	茶俗（瑶族油茶习俗）	民俗	2021 年（第五批）	恭城瑶族自治县油茶协会
64	中元节（资源河灯节）	民俗	2014 年（第四批）	资源县文化馆
65	规约习俗（瑶族石牌习俗）	民俗	2021 年（第五批）	金秀瑶族自治县文化馆
66	瑶族祝著节	民俗	2021 年（第五批）	巴马瑶族自治县文化馆
67	壮族侬峒节	民俗	2021 年（第五批）	崇左市群众艺术馆
68	壮族会鼓习俗	民俗	2021 年（第五批）	马山县文化馆
69	大安校水柜习俗	民俗	2021 年（第五批）	平南县文化馆
70	敬老习俗(壮族补粮敬老习俗)	民俗	2021 年（第五批）	巴马瑶族自治县文化馆

注：保护单位名称以国务院公布的项目名录信息为参照

书籍设计 | 刘瑞锋　钟　铮　黄璐霜

音像制作 | 陆春泉　王　涛

参与编写 | 蔡瑞华

图片摄影 | 张静逸　方朝明　谢　磊　宋延康　寇晓旸　邓婧云　黄诗惠

图片提供 | 广西非物质文化遗产保护中心　吴伟峰　梁志强　黄天玲　罗青云　张夏玲　周丽娜　张泰华

视频提供 | 广西非物质文化遗产保护中心　广西金海湾电子音像出版社